ÉTUDES

DÉPOPULATION DES CAMPAGNES,

SES CAUSES, SES CONSÉQUENCES,

MOYENS PRATIQUES DE LA COMBATTRE.

PAR S. C. VALNY,

CHEF DE DIVISION À LA PRÉFECTURE DU GERS.

> « Les progrès de l'agriculture doivent être un des objets de notre constante sollicitude, car de son amélioration ou de son déclin dépend la prospérité ou la décadence des Empires. »
>
> Napoléon III. (*Discours à l'ouverture de la session législative de 1852.*)

AUCH,

F. A. COCHARAUX, LIBRAIRE-ÉDITEUR.

1862

AUCH, TYP. DE F. A. COCHARAUX, IMPRIMEUR DE LA PRÉFECTURE.

ÉTUDES

SUR LA

DÉPOPULATION

DES

CAMPAGNES,

SES CAUSES, SES CONSÉQUENCES,

ET LES

MOYENS PRATIQUES DE LA COMBATTRE,

PAR S. C. VALNY,

CHEF DE DIVISION A LA PRÉFECTURE DU GERS.

« Les progrès de l'agriculture doivent être
un des objets de notre constante sollicitude,
car de son amélioration ou de son déclin date
la prospérité ou la décadence des Empires. »
NAPOLÉON III. (*Discours à l'ouverture
de la session législative de 1857.*)

AUCH,

F. A. COCHARAUX, LIBRAIRE-ÉDITEUR.

—

1862.

AVANT-PROPOS.

De nombreux esprits, parmi lesquels les plus
éclairés, se préoccupent vivement des vides qui se font
de jour en jour plus larges dans le personnel agricole.
Il est certain que fermes, hameaux et villages sont
en grande partie désertés : les ouvriers ruraux se
portent vers les centres populeux ; ils obéissent à
l'attraction puissante qu'exercent sur eux les espérances irréfléchies de vie facile, de bien-être et de
plaisirs qui leur viennent des villes. Foyer natal,
famille, amis, voisins, champs où jusque là ils ont
trouvé la tranquillité, ils quittent tout sans regret, et
le plus souvent sans idée de retour ; — trop heureux lorsque, plus tard, ils n'ont eu à payer leur

rétrospective crédulité qu'au prix de douloureux mécomptes !...

Cette situation, l'instinct public en a caractérisé la gravité et le danger, en l'appelant :

LA DÉPOPULATION DES CAMPAGNES.....

Qui, sous l'idée que représentent ces mots, ne sent comme une appréhension funeste ? Qui n'y voit une menace , affectant non-seulement le présent, mais encore, et surtout, un avenir imminent, gros de périls et de désastres ?

C'est qu'en effet la *dépopulation des campagnes,* si elle était vraiment réalisable ; si , au lieu de n'être encore que la conséquence transitoire , incomplète d'un état accidentel, elle devait atteindre aux proportions d'un fait acquis et devenir permanente ; si, enfin, par impossible, l'indifférence ou l'abstention soit des pouvoirs publics, soit des *propriétaires* , directement intéressés , la laissaient continuer de prendre de plus grandes proportions sans que le cours naturel des choses vînt enrayer sa marche, la dépopulation des campagnes serait la cause inévitable et fatale des plus grands malheurs.

Qu'arriverait-il si l'agriculture, ce levier merveilleux

qui seul met en jeu et féconde toutes les autres forces secondaires, pouvait, par le défaut de bras, se trouver suspendue dans son œuvre ? Personne n'ignore que son ralentissement aurait pour contre-coup, et à tous les degrés, l'affaissement des éléments les plus divers de la richesse, de la prospérité publique : fortune territoriale, industrie, commerce, arts, sciences, lettres, tout ce qui constitue la puissance ou les gloires d'une nation, tout péricliterait dans la mesure que la source vive où tout remonte et s'alimente aurait baissé ou tari.

Or, ces prévisions établies, et le mal qui en pourrait amener la réalisation se trahissant déjà par d'inquiétants symptômes, n'est-il point temps d'y porter remède ?

Il est d'une prudence vulgaire que, lorsqu'un arbre exerce autour de lui une fâcheuse influence, on l'empêche d'étendre davantage son ombre : on y porte la cognée et la pioche, on l'extirpe jusqu'à la racine.

Ainsi convient-il de faire pour arrêter la fièvre de désertion qui s'est emparée des ouvriers agricoles : elle n'a déjà que trop amoindri le développement régulier des conditions générales de la production ; il faut l'attaquer dans ses germes, la saper dans ses bases, — lui opposer une digue assez puissante pour l'entraver dans ses envahissements.

A la dépopulation rurale se rattachent évidemment des causes certaines, des conséquences déterminées ; il nous a paru utile et à la fois intéressant de les rechercher, de les définir. Elles peuvent, à notre avis, être combattues par des *moyens pratiques*. Le succès de ces moyens dépend de l'initiative individuelle, autant et plus sans doute que de l'intervention et de la persistance des autorités ; nous avons pensé faire œuvre de bien public, en essayant de les indiquer, de préciser leur mécanisme et leurs applications.

Tel est le but de notre livre.

Nous le dédions en particulier aux PROPRIÉTAIRES. Possesseurs du sol, ils doivent tenir à garder auprès d'eux les ouvriers qu'exigent les travaux de culture et les besoins incessants d'amélioration des exploitations foncières. Nous l'adressons aussi aux magistrats municipaux des communes rurales : nous avons depuis longtemps appris à connaître l'étendue de leur dévoûment aux intérêts du pays, et nous savons combien ils sont habitués à le manifester sous les formes les plus multiples.

Propriétaires et maires peuvent beaucoup contre la

dépopulation rurale. Entre leurs mains, peut-être les remèdes que nous proposons produiront-ils quelques résultats : là est notre sincère espérance. Qu'ils veuillent donc bien accueillir ce livre avec sympathie. Notre plus précieuse récompense sera la pensée d'avoir pu concourir, dans une mesure quelconque, si modeste soit-elle, à la diffusion d'une force sur laquelle notre époque cherche à appeler l'attention publique, mais qui, malheureusement, est aujourd'hui encore un secret pour l'immense majorité des habitants des campagnes.

Cette force est L'ASSOCIATION.

Débarrassée de toute utopie, de tout système dangereux, nous la croyons appelée à introduire — Dieu veuille que ce soit dans un prochain avenir — une révolution toute pacifique, mais des plus fécondes, dans les conditions futures du progrès moral et matériel de l'humanité.

Avril 1862.

PREMIÈRE PARTIE.

—

CONSTATATIONS.

PREMIÈRE PARTIE.

CONSTATATIONS.

CHAPITRE I.

DÉPOPULATION DES CAMPAGNES.

Sommaire : Importance de la propriété et son malaise. — Éléments de progrès. — Obstacles au développement de la production culturale. — Mesure dans laquelle s'est produite la dépopulation des campagnes. — Étrangeté de la situation. — Parallèles.

La propriété foncière, en France, jouit à bon droit de la faveur publique ; elle est recherchée comme la base la moins fragile de la stabilité des fortunes, de l'avenir et du bien-être des familles. Pourquoi faut-il qu'à côté des bénéfices légitimes que lui assure une intelligente exploitation, elle ait à souffrir d'un malaise qui, loin de diminuer, ne fait qu'augmenter tous les jours? Dans quelques régions, ce malaise a atteint de déplorables proportions ; partout, il donne lieu à des plaintes unanimes et fondées : les possesseurs du sol se trouvent réduits à l'impuissance, non-seulement d'accélérer la production, mais même, sur beaucoup de points, de la maintenir au niveau où elle s'était élevée à d'autres époques.

Pourtant, le monde a marché et la science a activé le progrès. L'outillage aratoire a reçu des perfectionnements importants ; les vieilles notions de culture, que la routine avait si longtemps immobilisées, ont cédé le pas à de nouvelles méthodes, reconnues plus rationnelles ; grâces aux concours universels et régionaux, aux solennités agricoles, le champ des découvertes, de l'expérimentation, de la vulgarisation des meilleurs procédés s'est immensément agrandi ; les débouchés, autrefois rares, ont été multipliés à l'infini par l'extension des chemins de fer et des voies de communication de tout ordre. Enfin — chose plus merveilleuse encore — la vapeur, appliquée aux travaux de la terre (1), a donné un dernier démenti aux esprits pessimistes qui doutaient de sa puissance. Malheureusement, ces éléments si nécessaires de l'accroissement de la richesse territoriale n'ont pas eu pour corollaires tous les résultats qu'on en devait légitimement espérer. La bonne volonté des propriétaires s'est trouvée en grande partie paralysée ; il en a été de même des encouragements si abondamment, si généreusement prodigués par le gouvernement. Aussi l'amélioration de la production culturale, quoique sans doute réelle, n'a-t-elle point été en raison du développement de la consommation ; elle est demeurée

(1) Voir, dans les feuilles publiques, les comptes-rendus des expériences de la *piocheuse à vapeur*, de MM. Barrat, frères, sur le domaine impérial de Vincennes. — 27 octobre 1861.

dans un rapport bien inférieur à la somme des sacrifices qui lui ont été consacrés.

Ce fait, s'il n'eût été que passager, eût pu n'étonner
personne. Une impulsion considérable — jusqu'alors
sans précédents — a été, dans ces derniers temps,
imprimée aux intérêts généraux de l'industrie et du
commerce. Nécessairement, une perturbation corré-
lative devait s'ensuivre dans les bases de l'équilibre
économique du pays. Une exacte pondération ne pouvait être maintenue qu'à la condition que l'expansion
de la prospérité commerciale et industrielle n'em-
pruntât rien aux éléments de progrès de l'agriculture. Cette condition ne s'est point réalisée; partant, il était naturel que l'agriculture, déjà affaiblie
par l'insuffisance et l'incertitude de son crédit, perdît
en moins-value de forces productives ce que gagnaient
les intérêts rivaux.

En outre, pour être exact, il faut rappeler qu'en
dehors de la lutte dont il vient d'être parlé, de nombreuses circonstances, qu'il ne dépendait d'aucun
pouvoir humain ni de prévoir ni de conjurer, ont
été contraires à la propriété; qui ne se souvient encore des fatales influences qui, pendant plus de dix
années, ont périodiquement trompé ou détruit les
espérances des agronomes ? Inondations, grêles,
gelées, oïdium, sécheresses, sinistres divers, — rien
n'a manqué pour affaiblir les conquêtes de l'intelligence et du travail sur la nature.

Mais là n'est point l'origine de l'obstacle qui a le
plus sérieusement entravé dans son essor la production agricole : cette origine, il faut la rechercher plutôt.

sans contredit, dans le déplacement des ouvriers ruraux, ou, si mieux on aime, — pour continuer à nous servir de l'expression consacrée, — dans la *dépopulation des campagnes* :

Or, cette dépopulation, dans quelle mesure s'est-elle produite ? Il suffit, pour en apprécier l'importance, de jeter les yeux sur les pays agricoles. L'impossibilité où se trouvent le plus grand nombre des propriétaires de se procurer les bras nécessaires pour les travaux de leurs exploitations en est la preuve la plus irréfragable. Le mal, d'ailleurs, est constaté, établi par les statistiques officielles : d'après la comparaison des derniers dénombrements quinquennaux, publiés par le ministère de l'agriculture, du commerce et des travaux publics, la répartition de la population entre les villes et les campagnes offre — pour cent habitants — les rapports ci-après :

	1846.	1851.	1856.
Population rurale....	75.28	74.51	72.69
— urbaine....	24.72	25.49	27.31 (1).

A défaut d'autres moyens d'investigations, ces chiffres démontreraient, à la dernière évidence, que les populations des campagnes ont subi une diminution constante et sensible, durant les périodes qui ont séparé les recensements de 1846, 1851 et 1856, — tandis que l'élément urbain se développait en sens inverse. Du reste, il serait facile de démontrer que les grands centres et les départements industriels ont vu

(1) *Statistique de la France. — Dénombrement de 1856.*

surtout s'augmenter le nombre de leurs habitants, au
détriment des localités rurales. Voici — pour nous en
tenir à des données sommaires — comment s'expri-
mait le document officiel sus mentionné, dressé à la
suite du dénombrement de 1856 : « Au premier rang
» des vingt-huit départements qui ont gagné » — de 1851
à 1856 — « figure la Seine, dont la population s'est
» élevée de 1,422,065 à 1,727,419 âmes ; c'est une
» augmentation de 305,354, ou *légèrement supérieure*
» *à celle des quinze années antérieures réunies.* Elle
» dépasse de 50,838 l'accroissement afférent à la
» France entière. — Le Nord, le second en impor-
» tance de nos départements, s'est accru de 54,068
» habitants ; le Rhône, de 51,246 ; les Bouches-
» du-Rhône, de 44,376 ; la Loire, de 32,672 ; la
» Gironde, de 26,370 ; la Loire-Inférieure, de
» 20,330. On reconnaît là l'influence de ces grands
» centres d'attraction qui s'appellent Lyon, Marseille,
» Saint-Étienne, Bordeaux et Nantes (1). » Il n'y a eu,
pendant la même période, que deux départements
agricoles où se soit fait remarquer un accroissement
notable de population : le Cher et les Landes. Ces
départements — nous continuons de citer — « naguère
» si déserts, si abandonnés, ont gagné, le premier
» 8,583, et le second 7,636 habitants. Cet heureux
» résultat est dû à la puissante impulsion donnée à leur

(1) *Statistique de la France.* — *Dénombrement de la population en
1856*, chap. 1er, § 1er.

Le dénombrement de 1861 donne des résultats analogues. Nous
remarquons, en effet, que, d'après le rapport de S. Exc. M. le
ministre de l'intérieur sur cette opération — janvier 1862 — les
plus fortes augmentations de population se rencontrent dans

» agriculture par la création récente de fermes impé-
» riales sur leur territoire. »

Il semble que la dépopulation rurale aurait dû être arrêtée, pendant les dernières années qui viennent de s'écouler surtout, par la surélévation des prix des denrées agricoles, qui, nonobstant le peu d'abondance des récoltes, et par cela même, a fait affluer le numéraire dans les campagnes. Fait étrange, pourtant ! C'est lorsque, mieux qu'à aucune autre époque, l'agriculture est mise par la science et le progrès en voie d'accroître manifestement ses ressources, et du même coup le bien-être des travailleurs qui lui sont atta-

les douze départements ci-après qui — sauf un ou deux — sont industriels ou manufacturiers :

Augmentation.

Seine	226,244	correspondant à 13 pour cent.
Nord	94 027	— 7 Id.
Rhône	36,302	— 5 Id.
Bouches-du-Rhône	33,742	— 7 Id.
Seine-et-Oise	28,894	— 5 Id.
Gironde	29,436	— 4 Id.
Loire-Inférieure	24,244	— 4 Id.
Finistère	20,752	— 3 Id
Seine-Inférieure	20,538	— 2 Id
Haut-Rhin	16,360	— 3 Id.
Marne	13,448	— 3 Id.
Corse	12,606	— 5 Id.

Les onze départements qui, au contraire, ont subi les diminutions les plus importantes, parmi ceux où dominent les intérêts agricoles, sont :

Diminution.

Puy-de-Dôme	13,653	correspondant à 2 pour cent.
Creuse	8,834	— 3 Id.
Lot-et-Garonne	7,976	— 2 Id.
Cantal	7,142	— 2 Id.
Orne	6,777	— 1 Id.
Eure	7,004	— 1 Id.
Hautes-Pyrénées	5,677	— 2 Id.
Gers	5,566	— 1 Id.
Corrèze	4,864	— 1 Id.
Hautes-Alpes	4,456	— 3 Id.
Basses-Alpes	3,302	— 2 Id.

chés, — c'est alors, précisément, que lui manquent
les bras indispensables pour pouvoir fructueusement
poursuivre son œuvre.

Qu'à toute autre période de son histoire, la propriété
ait été appelée à souffrir, il n'y avait rien là d'extraor-
dinaire. Nous n'apprendrons rien à personne en
rappelant les conditions désastreuses où elle se trou-
vait placée avant 1789. Pendant huit siècles, les
serfs avaient été attachés à la glèbe, sans rétribution. Puis, comme prolongation de cet état de
choses, avaient succédé les corvées gratuites, les
dîmes, les redevances, les exactions de toute sorte,
qui faisaient de la culture du sol la pire de toutes
les industries. — Voilà pour les travailleurs. — Quant
aux propriétaires eux-mêmes, ils n'étaient guère plus
favorisés. Les impôts qu'ils avaient à payer étaient
tellement exagérés, qu'il ne restait aux détenteurs du
sol que des revenus illusoires. — Telle était encore
à peu près la situation, lorsque arriva la rénovation
économique inaugurée par la Révolution de 1789. —
La propriété est désormais délivrée de ces liens
qui pesaient sur elle. Aussi aujourd'hui, quand
nous la voyons relevée du discrédit immérité, inique
dont elle a été si longtemps frappée; lorsque nous
la voyons en position de renaître à une vie nouvelle,
par la protection et les efforts d'amélioration dont
elle est l'objet, par les plus larges rémunérations
qu'elle offre, et, enfin, par les perspectives de tranquillité, d'aisance qui s'ouvrent devant ceux qui la cultivent,
il semble qu'il ne soit pas aisé de trouver, à premier
examen, d'explication aussi simple à la cause originelle

de son allanguissement, et, si nous pouvons dire ainsi, de l'atonie à laquelle elle est condamnée. En effet, est-ce que l'agriculture, à notre époque, ne devrait pas avoir plus d'attrait que jamais pour les travailleurs ruraux? Ils ne furent jamais aussi bien traités. Leur condition, sous tous les rapports, a notablement changé. A ne considérer que leur situation générale, on peut se demander pourquoi ils quittent les champs. N'ont-ils pas tous la faculté, avec de l'ordre, de la conduite, de la prévoyance, ceux qui possèdent, d'accroître leurs fortunes ; ceux qui ne possèdent point, de devenir eux-mêmes propriétaires ; les uns et les autres, de se créer des satisfactions et un avenir qui, précédemment, pouvaient leur être interdits? — On sait que, sous l'influence de nos lois, la petite propriété a déjà pris une extension remarquable (1) ; est-ce que cette extension

(1) Le mouvement progressif du morcellement de la propriété est attesté par la comparaison du nombre des cotes foncières en 1842, 1851 et 1854. D'après les constatations officielles les plus récentes (*Statistique générale de France* — *1855* — *Territoire et population*), il y avait en 1842 — 11,511,841 cotes foncières ; en 1851, ce chiffre s'était élevé à 12,549,954 ; enfin, en 1854, il était arrivé à 13,122,758. — Augmentations : de 1842 à 1851, — 1,038,113 ; — de 1851 à 1854, — 572,804. — Total, de 1842 à 1854 : — 1,610,917.

Ces chiffres sont éloquents ; mais on pourra mieux apprécier le rôle de la petite propriété dans la division du sol, lorsqu'on saura que, suivant les mêmes documents, les cotes foncières, lors de la dernière classification qui en a été faite, se répartissaient par catégories ainsi qu'il suit, savoir : —Cotes au dessous de 5 fr., 5,440,000 ; — de 5 fr. à 10 fr., 1,818,000 ; — de 10 fr. à 20 fr., 1,614,000 ; — de 20 fr. à 30 fr., 791,000 ; — de 30 fr. à 50 fr., 744,000 ; — de 50 fr. à 100 fr., 607,000 ; — de 100 fr. à 300 fr., 375,000 ; — de 300 fr. à 500 fr., 64,000 ; — de 500 fr. à 1,000 fr., 36,000 ; — de 1,000 fr. et au dessus, 16,000.

Observons, pour être entièrement vrai, que quelquefois le même propriétaire peut payer plusieurs cotes foncières, quand ses propriétés sont situées dans diverses perceptions.

n'est pas due principalement au pouvoir qu'ont d'acquérir et de posséder tous les hommes qui, par le travail et l'épargne, savent se constituer des réserves en vue de l'avenir?

La désertion des campagnes est donc un fait injustifié, mais patent, irrécusable. Lors même qu'il n'y eût eu à compter ni avec les fléaux que nous avons mentionnés, ni avec l'antagonisme des intérêts commerciaux et industriels, on comprend que l'insuffisance des bras n'ait pu manquer d'avoir pour naturelle conséquence de gêner d'abord, de suspendre ensuite, de la manière la plus fâcheuse, tout mouvement extensif de la production agricole. Le mal est visible; au lieu de se restreindre, il ne fait qu'empirer. Tous les hommes que préoccupent justement les intérêts de la propriété et du pays ne peuvent s'empêcher d'avoir des craintes sur l'avenir. Cet état de choses est anormal, insolite; il ne viendra à l'esprit de personne d'en nier l'extrême gravité.

CHAPITRE II.

—

D'OÙ VIENNENT LES DÉSERTIONS.

SOMMAIRE : Instruction primaire. — Que vont faire dans les villes les enfants de petits cultivateurs. — La lymphe. — L'ambition. — L'exemple. — L'émigration. — Les crises des subsistances. — Travaux publics. — Recrutement de l'armée. — L'assistance publique. — L'industrie. — *L'absentéisme.* — Le luxe. — L'insuffisance des capitaux. — Le salaire des ouvriers agricoles.

Pour bien voir certaines choses, il faut les regarder de près. Dans la question qui nous occupe, la vérité est d'autant plus utile à vulgariser que, tout évidente, banale en quelque sorte qu'elle soit pour les esprits observateurs et attentifs, elle échappe au grand nombre ; tout le monde peut apprécier le danger de la dépopulation des campagnes ; bien peu y regardent sérieusement. On a peur d'approfondir les faits : qui sait si on ne les verrait pas trop en noir ? Pourquoi, d'ailleurs, les examiner en détail ? A quoi bon ? Ces faits sont notoires ; ils ne sont pas contestés. Il n'y a rien à faire, rien à dire. — Eh bien ! non, l'abstention n'est plus permise. La désertion rurale est une terrible condition pour la propriété ; il importe que chacun s'en rende

compte. Parmi les gens malades, certains se font toujours illusion, ne voulant pas croire à la gravité de
leur état : d'autres, au contraire, s'épouvantent à la
seule crainte d'affections purement imaginaires. En
présence d'une situation qui touche aux intérêts sociaux
les plus généraux et les plus élevés, il ne faut être ni
trop confiant ni trop craintif : il faut sonder bravement
l'abîme et, en ayant mesuré la profondeur, essayer de
le combler par les moyens que la raison, l'expérience,
l'étude des besoins peuvent suggérer. Les causes principales de la dépopulation serviront de point de départ
à nos propositions. Indiquons-les donc rapidement :
les déductions qui en découleront ensuite nous
permettront de les reprendre sous tous leurs aspects,
une à une, et d'aller au fond même, en y projetant de
nouvelles et plus vives clartés.

Où se révèle, en premier lieu, une influence fâcheuse,
contre laquelle jusqu'ici on n'a pas suffisamment songé
à se garantir, c'est dans l'instruction primaire, telle
qu'elle est donnée dans les écoles rurales. On ne s'en
doute peut-être pas assez, — l'enseignement primaire,
mal entendu et mal appliqué, peut produire de déplorables effets. En général, les instituteurs, même ceux
qui sont à la hauteur de leur mission, favorisent ou du
moins laissent germer, dans l'esprit de leurs élèves, des
idées en désaccord avec la vie modeste et laborieuse à
laquelle ceux-ci sont destinés. A mesure que leur intelligence grandit, les enfants contractent, dans l'école du
village, des habitudes qui les détachent du goût de tout
travail pénible. A peine savent-ils lire, on les croit et ils
se croient eux-mêmes savants. Il naît alors en eux des

instincts de paresse et de vanité; et lorsque leurs familles veulent les obliger à aider, dans la mesure de leurs forces, aux travaux agricoles, ils trouvent dans ces travaux, non point seulement une fatigue, mais encore une source fréquente de contrariétés et de froissements qui décident de leur avenir. Ainsi, les soins que réclame la terre sont considérés de bonne heure, par eux, comme une occupation avilissante. Ces fausses perceptions prennent aisément racine et se développent dans leurs esprits insuffisamment éclairés; et plus tard, quand l'âge du labeur est venu, ils sont d'autant plus rebelles à demeurer attachés au sol, que la campagne ne peut procurer, à celui qui l'habite, aucun de ces prétendus plaisirs — jouissances vaines, plutôt factices que vraies, dégradantes même quelquefois — qu'offre toujours la cité, entourée, aux yeux du paysan, de prestiges et de séductions.

Voilà comment des fils de petits cultivateurs et de journaliers s'en vont dans les villes. Là, ils postuleront une condition de domestique, ou, peut-être, ils se presseront dans la foule qui convoite les places, et finiront par obtenir un infime emploi, où ils végéteront leur vie durant. Ils n'ont pas eu le courage d'accepter le rôle modeste et utile auquel les appelait le milieu où ils sont nés; ils n'ont pas compris leur devoir; ils ont reculé devant l'obligation d'un travail qui pour être fécond exige, à la vérité, un véritable déploiement de forces, d'énergie, de persévérance, mais qui, cependant, ne laisse pas que d'emporter avec lui les plus légitimes et les plus pures satisfactions. Dans les champs, où ils seraient à leur place, ils rendraient des services dont à coup sûr profiterait leur pays : à la ville, leur agitation, leurs aspirations demeureront stériles.

Les pères de famille eux-mêmes encouragent chez leurs enfants d'aussi regrettables tendances. Nos fortes races campagnardes dégénèrent : il vaut mieux le dire que le céler ; pourquoi un silence qui ne servirait personne et ne détruirait pas le mal ? Oui, reconnaissons-le, puisque la vérité est telle, tout affligeante qu'elle soit, — l'immoralité et ses lèpres fatales commencent à n'être plus inconnues dans les communes rurales (1). La lymphe semble vouloir étendre son empire et s'établir en souveraine aussi bien dans les habitations rustiques que dans les centres populeux. — L'enfant est né ; il se développe péniblement : l'air pur des champs ne suffit plus à tonifier sa poitrine. La vigueur lui est lente à venir. Il atteint l'âge de treize ou quatorze ans ; qu'en faire ? Les travaux agricoles sont bien durs pour ses bras débiles. Il mourrait à la peine. Il faut le placer à la ville. On le fera étudier pour compléter son éducation : il entrera au collège, au séminaire, à la pension ; — il sera confié à un notaire, à un avoué, à un géomètre, à un homme d'affaires quelconque, chez qui, sous prétexte d'études, il ne fera que se fortifier dans son dégoût pour la profession paternelle. Si ses parents sont trop pauvres pour lui créer une autre position, il deviendra ouvrier citadin : ce ne sera toujours pas le travail de la terre.

(1) Les observations relevées à l'occasion des tournées annuelles de révision, pour le recrutement de l'armée, ne confirment malheureusement que trop nos appréciations.

Il y a aussi dans le giron de la petite propriété —
et ce n'est pas la classe la moins nombreuse — des
familles qui ne trouvent aucune carrière trop élevée
pour leurs enfants. De père en fils, plusieurs générations ont tour à tour cultivé la terre ; elles tenaient,
apparemment, pour honorable et lucratif l'exercice de
l'industrie agricole. Un jour est venu où le père et la
mère ont reconnu l'erreur et renié, comme surannés,
les principes de leurs aïeux. Leurs enfants ne demeureront pas, comme eux, attachés à l'exploitation du
sol : ils ont pour cela trop d'intelligence ; de plus hau-
tes destinées les attendent. Vous les verrez tous quitter
l'habit du paysan et chercher à devenir, qui avocat,
qui médecin, qui fonctionnaire. Hélas ! combien restent en chemin ! Combien n'arrivent pas même au seuil
de la voie qu'ils s'étaient tracée !

On pourrait supposer, à ceci, que nous embrassons
dans un commun anathème toutes les ambitions. Loin
de là notre pensée : nous croyons qu'il en est de nobles
et légitimes ; celles-là sont inspirées par un sentiment
de force et de mérite personnel, qui s'impose avec
toute l'énergie d'une passion, d'une vocation irrésistibles ; au lieu de les blâmer, nous les encourageons de
toutes nos sympathies. Les ambitions que nous déplo-
rons sont celles qu'on excite sans raison, inconsidé-
rément, parmi les populations rurales, et qui n'ont
que le triste résultat de priver l'agriculture de concours qui lui seraient de la plus grande utilité, sans
compensation d'aucune sorte pour les malheureux qui
en sont les victimes.

Les fils partis, quelquefois la famille est bien près

de les suivre. Par un étrange renversement de toutes les lois de la nature et de la logique, il semble que ce soit, aujourd'hui, seulement dans les villes qu'il y ait place pour tous...

Puis, le petit cultivateur cède à l'exemple. Un parent, un ami, un voisin a quitté, il y a quelques années, le pays pour aller habiter la ville. Il s'est placé dans le commerce ou dans l'industrie. Les quelques avances qu'il avait ont fructifié entre ses mains ; en peu de temps, il a su économiser une somme assez notable. Il s'est marié et a fait une *bonne affaire* : c'est ainsi qu'on dit. Pourquoi ne pas marcher sur de pareilles traces? Que faut-il pour réussir? un peu de chance. Il y en a partout — vous diront certaines gens — excepté dans le travail agricole... Pauvres aveugles, qui ne voient qu'à travers leurs illusions !

Et l'appât des grandes fortunes qui se sont élevées par l'agiotage et la spéculation ! Là également gît une des causes de la dépopulation des campagnes. Un tel qui, il y a dix ou vingt ans, ne possédait rien, a gagné — où et par quels moyens? qu'importe ! — des sommes fabuleuses, facilement grossies par l'exagération : vingt mille, cent mille francs; toujours une fortune. L'homme des champs, dans sa crédulité quelquefois par trop naïve, est aisé à tromper. Quoi ! on peut faire fortune dans une ville ! Quel mirage ! Bien suffisante raison pour fuir les champs; ici, certes, on ne verra jamais se réaliser pareille aubaine.

Mais, si la prompte accumulation de richesses est facile quelque part, n'est-ce pas surtout dans ces pays lointains où, dit-on, l'or — l'or cette baguette de fée dont

notre époque a fait le signe de la suprême puissance —
se montre non plus dans des flots colorés par de rares
paillettes, mais dans le sol même, sous les pas, sous
la main de l'homme assez courageux pour se condamner volontairement à une expatriation temporaire ?...
De l'or ! que de Tantales altérés tendent leurs bras
vers ces rives heureuses ! De l'or ! vite, qu'on appareille
les vaisseaux, qu'on enfle les voiles, qu'on presse la
vapeur ! Vous tous qui êtes avides de ce précieux métal,
alerte ! Ne réfléchissez pas aux dangers surhumains,
aux hasards terribles, aux écueils, aux vents, aux
tempêtes qui vous attendent sous d'autres climats ; ne
vous dites pas que, sur mille qui partent, rarement il
en revient un seul ! Debout, et que vos destinées s'accomplissent ! — Et les émigrants partent : leur vue est
faussée, obscurcie par l'enthousiasme ; il s'agit pour
eux ou de vaincre la fortune ou de périr. Hélas ! combien qui abandonnent leurs familles, la sécurité d'une
modeste existence, leur pays, pour les hasards aven-
tureux de l'émigration ! Ils ne comptent pas avec le
présent ; il leur semble que l'avenir leur appartient.
Chez eux, la richesse leur est interdite ; ils croient
qu'en d'autres pays, ils n'auront qu'à vouloir pour
l'obtenir. — Quelques départements français ne paient
que trop largement leur tribut à cette folle soif de gain
rapide (1) ; et encore faut-il se résigner à reconnaître
que la plupart d'entre eux, pays agricoles par dessus

____

(1) Nous consignons ci-après, en l'empruntant aux derniers
rapports officiels sur l'émigration, la liste des dix départements
qui subissent le plus l'influence de cette cause de dépopulation :
nous y indiquons les chiffres des émigrants venus de ces dépar-

tout, y perdent annuellement un grand nombre de bras qui seraient pour la propriété d'une nécessité incontestable (1).

tements et sortis de France pendant les trois années 1858, 1859 et 1860.

| Départements. | NOMBRE D'ÉMIGRANTS. | | | | | | | | |
| | *1858.* | | | *1859.* | | | *1860.* | | |
	Étranger.	Algérie.	Total.	Étranger.	Algérie.	Total.	Étranger.	Algérie.	Total.
Basses-Pyrénées.	1050	153	1203	1166	90	1256	1315	80	1395
Bouch.-du-Rhône	627	537	1164	328	342	670	269	369	638
Haut-Rhin.......	1139	64	1203	509	38	547	566	71	637
Seine...........	601	520	1121	327	242	569	272	346	618
Hautes-Pyrénées.	387	180	567	435	90	525	597	96	693
Gironde........	576	55	631	435	5	440	433	26	459
Bas-Rhin.......	466	33	499	396	32	428	413	42	455
Haute-Garonne.,	243	207	450	187	91	278	515	72	587
Pyrénées-Orient.	187	235	422	177	136	313	187	186	373
Doubs..........	400	49	449	207	4	211	173	14	187

Viennent ensuite la Seine-Inférieure, l'Hérault, le Cantal, le Gard, les Côtes-du-Nord, la Moselle, l'Ariège, l'Aveyron, le Gers et la Meurthe.

Le chiffre total des émigrants — sans acception de classe ou de profession — avait été pour chacune des années ci-dessus, savoir :

	Étranger.	Algérie.	Total.
Pour 1858, de.......	9,004	4,809	13,813
1859, de........	6,786	2,378	9,164
1860, de........	7,443	2,644	10,087

(1) Le nombre des *cultivateurs* émigrants a été officiellement constaté pour les années suivantes :

1853	—	4,860	1857	—	7,242
1854	—	9,485	1858	—	3,767
1855	—	8,191	1859	—	2,225
1856	—	6,864	1860	—	2,559

(Voir, pour les cinq premières années, la *Statistique de la France. — Mouvement de la population*, années 1855, 1856 et 1857, chap. VIII, § 2. — Pour les trois dernières, consulter les *Rapports sur l'émigration*, années 1859 et 1860.)

Faut-il tout dire, pourtant? Parmi ceux qui s'en vont dans les cités ou qui émigrent à l'étranger, mettant toute l'immensité de l'Océan entre eux et leur pays natal, il y a parfois de vrais malheureux; ceux-là, il les faut plaindre. Oh! ils n'auraient point quitté leurs toits bénis; la séparation a été douloureuse. Quoique misérables, ils se seraient contentés du pain trempé dans leurs sueurs; mais le pain même leur manquait parfois. Pour eux, la terre du pays a été une marâtre. Ils n'avaient devant eux qu'un avenir froid et sombre. L'embaucheur est venu les trouver : profitant de leur détresse, il a fait briller à leurs yeux de l'or... et qui sait quelles séduisantes espérances!... Le tentateur l'a emporté.

N'oublions pas que, dans le cours de la dernière période décennale, — 1854 à 1858, — nous eûmes à traverser une longue crise des subsistances; elle créa bien des souffrances parmi les classes peu aisées. Que ne firent pas, en cette circonstance, les efforts de l'assistance publique et privée! Les adoucissements de toute sorte qui furent ménagés aux malheureux sont encore présents à toutes les mémoires. Mais que peut l'action humaine, en présence des fléaux dont il plaît à la Providence de nous accabler? Les tempéraments apportés à la crise étaient évidemment insuffisants. De nombreux besoins demeuraient incomplétement secourus. Qui pourrait s'étonner, après cela, de ce que la désertion rurale se soit étendue, à cette époque néfaste, avec une nouvelle recrudescence?

A la même occasion, une prodigieuse activité fut imprimée aux travaux d'embellissement des grandes villes, à la construction des chemins de fer, aux chantiers de travaux publics. Ces actes de prévoyance du gouvernement, hâtons-nous de le constater, eurent le bien général pour conséquence, dans une large mesure. Mais toute médaille a son revers ; beaucoup de bras utiles, que dis-je? indispensables à l'agriculture, lui furent enlevés ; une fois partis des champs, ils n'y sont plus revenus.

Peut-être même le mode actuel de recrutement de l'armée n'est-il pas tout à fait étranger au déplacement des ouvriers ruraux (1). Par droit de naissance, tout laboureur est soldat. Appelé sous les drapeaux par la conscription, il désapprend vite sa laborieuse profession. Oui, à la vérité, il porte haut la gloire de la France ; mais, quand il a terminé son service, revient-il toujours dans son pays reprendre, au lieu du glaive, l'instrument de travail, non moins honorable, qu'il avait quitté pour se rendre au régiment? Non, malheureusement trop souvent. Il a vécu dans les villes.

(1) Qu'on ne se méprenne point sur notre pensée. A aucune époque précédente, les lois sur le recrutement n'ont été de nature à donner plus largement satisfaction aux intérêts de l'agriculture. Il n'est pas douteux que les dispositions qui régissent aujourd'hui l'exonération du service militaire par voie de prestations, et le remplacement au moyen des rengagements, ne soient infiniment préférables à ce qui se pratiquait avant la loi du 26 avril 1855 portant création de la dotation de l'armée. Ce n'est donc point les institutions qu'il faut rendre responsables de l'influence exercée par le recrutement sur la dépopulation rurale ; c'est bien plutôt les hommes — ou, mieux encore, les mœurs publiques qui, en faisant à la vie des cités une apparence plus que jamais éclatante et mouvementée, rejettent d'autant plus vivement dans l'ombre et la monotonie cette existence pourtant si active, si heureuse que procure le séjour des champs

L'air des casernes ne lui a pas été favorable. Il s'est amolli aux douceurs de la garnison succédant aux dures fatigues des camps. Les travaux agricoles lui semblent au dessous de son mérite. Ce qu'il lui faut, ce à quoi il aspire, c'est une place, un emploi; après tout, n'a-t-il pas mérité récompense? Si le gouvernement lui fait défaut, il se rejettera sur un état; il préférera, au pis-aller, entrer en domesticité, plutôt que de retourner dans sa famille.

Nous le savons, ce penchant, trop prononcé de nos jours, a excité une auguste sollicitude (1). L'œil si vigilant du gouvernement ne pouvait laisser passer, sans correctif, un fait aussi affligeant. Désormais, espérons-le, le soldat, en temps de paix, pourra ne pas entièrement oublier les champs, quelque longue que soit la durée de son absence.

Le déplacement, toutefois, ne s'opère pas seulement de la campagne à l'étranger ou aux grandes cités. Les petites villes y ont aussi leur part. Ceci s'explique surtout par un fait qu'il nous paraît nécessaire de signaler. Les villes ont des salles d'asile pour l'enfance, des bureaux de bienfaisance, des hospices pour les vieillards et les malades pauvres. La charité privée y est

(1) Sans parler de l'Algérie, où nos soldats sont les véritables pionniers de la colonisation, il est opportun de rappeler ici la mesure, prescrite par S. M. l'Empereur, ayant pour but d'occuper les soldats, pendant la tenue du camp de Châlons (1860-1861), à des travaux agricoles et horticoles. Les produits récoltés étaient utilisés pour l'alimentation des troupes.

Signalons également, comme un bienfait pour le pays, le nouveau système de *réserve* de l'armée, adopté récemment par le gouvernement impérial, et dont un des effets les plus importants doit être de laisser, une bonne partie de l'année, les soldats de la réserve à la disposition de l'agriculture.

féconde en ressources. Or, l'homme de la campagne est de son siècle. A une époque où les intérêts matériels dominent dans la grande majorité des consciences, la prévision de l'avenir — quand il n'a pas à s'imposer de sacrifices — lui devient une facile vertu. S'il reste aux champs, que deviendra-t-il, arrivé le temps du repos forcé, des infirmités ou de la vieillesse ? Dieu le sait. A la ville, à coup sûr, il trouvera assistance. Et, en attendant, il profitera des avantages attachés aujourd'hui à la résidence du moindre chef-lieu d'arrondissement ou de canton : en cas de chômage, il recourra à l'aumône ; en cas de maladie, il entrera à l'hôpital. En somme, plus de préoccupations pour lui. Voilà comme pense quelquefois l'homme des champs ; voilà comme descend peu à peu dans son âme l'oubli des notions les plus élémentaires de la moralité et de la dignité humaine... Ce n'est qu'avec répugnance, qu'avec douleur que nous pouvons nous décider à faire cet aveu.

Comme autre raison souvent déterminante de la dépopulation, mentionnons l'idée inexacte que se font les ouvriers ruraux de leur infériorité vis-à-vis des ouvriers des villes. Dans les villes — croient-ils — le moindre travailleur participe, dans une certaine mesure, au bien-être, au confort du petit rentier ou du bourgeois ; il n'y a point, à leurs yeux, entre celui-là et ceux-ci, de ligne de démarcation bien accentuée. L'ouvrier industriel n'habite-t-il pas des maisons, en apparence du moins, d'un extérieur agréable, commodes, bien closes ? Le dimanche, sinon tous les jours, il est bien vêtu, bien chaussé. Il vit facilement. La durée

de son travail est habituellement limitée à douze heures
au plus ; après sa journée, il a droit au repos, est maître de son temps. Ce sont là les conditions qu'entrevoit
le travailleur agricole, quand il compare sa position
avec celle de l'ouvrier de la grande ou de la petite
industrie ; il lui semble que l'avantage n'est pas de son
côté. De là au dégoût de la culture du sol, il n'y a
qu'un pas ; l'ouvrier rural l'a bientôt franchi, avide
qu'il est de voir se dérouler devant lui de nouvelles
perspectives. Peu lui importent les déceptions qui
l'attendent sur sa route.

N'a-t-il pas, au reste, sous les yeux un constant
exemple, et de tous le plus contagieux ? Que font la
plupart des propriétaires, en effet ? Ne quittent-ils pas
eux-mêmes les champs pour les cités ? A la belle saison, le propriétaire se rend sur ses terres, avec sa
famille ; il y est attiré par les loisirs que procure la
richesse ; il est sûr d'y trouver, outre les mille enchan-
tements toujours nouveaux dont la nature est prodi-
gue, des agréments, des facilités de vie large, abondante, que la ville ne pourrait pas aussi aisément lui
offrir. Ce ne sont point ses propriétés qui le préoccupent ;
tout au plus, de loin en loin, se fait-il rendre compte
de ses revenus ; mais de direction, de surveillance
personnelle de ses exploitations, point. L'œil du maître manque. Les travaux suivent leur cours, sans
qu'une main autorisée les remette dans la bonne voie,
s'ils s'en écartent. La villégiature a ses exigences ;
c'est une fête continuelle ; les jours se passent en
visites, en parties de chasse, en festins. Puis vient
l'hiver. Adieu aux plaisirs champêtres. Le proprié-

taire fait comme l'hirondelle : il émigre pour de plus douces régions.

Nous savons bien que tels ne sont point tous les propriétaires à qui leur fortune permettrait un grand état dans la société. Dieu merci ! il est des exceptions nombreuses. Beaucoup demeurent sur leurs domaines, qui seraient en position de figurer, aux premiers rangs, sur un théâtre plus fastueux. C'est, de leur part, une noble abdication. Honneur à eux ! Avant tout, ils aiment leur pays ; ils accroissent sa richesse en augmentant la leur.

Il est aussi des familles auxquelles une fonction, un emploi rempli par leur chef interdit l'habitation des campagnes. Nous ne saurions faire peser sur elles une responsabilité qu'elles ne doivent point assumer. — Nos critiques sont réservées aux propriétaires fonciers qui, en mesure de contribuer par leur présence, leur intelligence, leur initiative et leurs capitaux à l'accélération du progrès agricole, abandonnent les exploitations rurales, sans autre raison que celle d'aller demander aux villes des plaisirs plus éphémères que durables. Au moment où nous sommes, leur désertion est un véritable danger. C'est comme si, sur le champ de bataille, le colonel d'un régiment passait à l'ennemi. La défection du chef entraîne celle des soldats.

Le développement excessif du luxe — qui est un des caractères particuliers de ces temps-ci — n'a pas été, non plus, sans aider au déplacement si anormal des populations rustiques. Le luxe a certainement attiré, dans les grandes cités, une partie de ces agglomérations immenses d'habitants qui en ont rendu les vieilles enceintes trop étroites. Le luxe est le minotaure de notre siècle : combien il a dévoré de familles après avoir fait litière de leur fortune, de leur repos, de leur considération, de leur honneur ! Et, ce qui est plus déplorable, ses dévastations n'ont pas seulement atteint les sommets de la pyramide sociale ; elles ont passé par les couches inférieures, semant, ici comme là, le désordre, la ruine et le malheur. Bien des pauvres gens qui, à cette heure, battent les pavés des villes, couverts de haillons, cherchant un morceau de pain depuis la veille, ne se seraient jamais éloignés de leurs foyers salutaires, sans les incitations de ce luxe exagéré et menteur.

Enfin, nous indiquerons — pour clore cette énumération — deux derniers motifs, peut-être des plus généraux, de la dépopulation rurale, et qui touchent, d'une manière essentiellement intime, à l'intervention directe des *propriétaires* : nous voulons parler de la double influence des capitaux consacrés à l'agriculture et du salaire accordé à l'ouvrier des champs.

Il est constant qu'aujourd'hui, pour la grande comme pour la moyenne et petite propriété, la culture du sol est loin d'attirer les ressources qui lui seraient nécessaires. Les capitaux sont consacrés de préférence à l'industrie, qui, pense-t-on communément, leur assure de plus abondantes bonifications ; même ceux qui viennent de la propriété n'y retournent pas toujours. L'agriculture, cependant, pour suivre le développement normal de sa production, n'aurait pas trop de l'appoint de forces qu'elle trouverait dans l'emploi, à son usage, de la majeure partie des profits qu'elle réalise. Certaines personnes riches semblent considérer comme un leurre, comme une perte d'avance certaine, l'affectation de leurs capitaux disponibles aux travaux d'amélioration de la terre. De leur côté, les moyens et petits propriétaires, ou n'ont point d'argent, et alors ne peuvent s'en procurer qu'avec difficulté et à des conditions onéreuses, ou bien s'ils font des réserves — ce qui parfois arrive pour les plus pauvres — ils thésaurisent, afin d'accroître leurs biens fonds; ils ne se doutent pas qu'ils s'enrichiraient bien plus sûrement, s'ils appliquaient ces capitaux à des amendements opportunément apportés au régime de leurs exploitations.

Une conduite aussi imprévoyante ne peut amener que de fréquentes déceptions. La terre, en des mains malhabiles, demeure dans un état relatif de stérilité. Le propriétaire, dont cette infécondité est la faute, se laisse aller au découragement; il vend son bien et abandonne la campagne. S'il ne s'agit que d'un simple travailleur, combien plus vivement encore sera-t-il excité à fuir un travail ingrat, qu'il est impuissant à féconder par ses sueurs!

Quant au salaire de l'ouvrier agricole, nous contestera-t-on que, dans quelques contrées, il n'est point en rapport avec le labeur qu'il est destiné à rémunérer? Nous ne le pensons pas. Il faut reconnaître, tout d'abord, que le taux du salaire varie — par département, pourrions-nous dire — selon le degré d'avancement du progrès de la culture générale : là où le rendement des récoltes est le plus élevé, le salaire l'est aussi. Et cela s'explique. Du moment que la fortune d'un particulier s'accroît, il est juste, il est naturel que ceux qui ont aidé à cet accroissement en retirent un convenable bénéfice. Mais partout, au contraire, où ont résisté aux efforts des idées nouvelles les vieilles maximes de la routine et du préjugé, où, par conséquent, la production agricole est restée stationnaire, le salaire du travailleur rural n'a pour ainsi dire pas été modifié ; du moins, les changements qu'il a subis ne peuvent être regardés comme constituant de suffisantes améliorations.

Telles sont les causes les plus appréciables du déplacement des ouvriers agricoles. Il en est bien quelques autres (1) ; mais celles-ci sont toutes locales : nous les laisserons dans l'ombre pour nous en tenir aux généralités. Celles que nous avons énoncées sont multiples, comme on voit : elles dérivent toutes, en quelque sorte, de nos mœurs actuelles ; elles sont la résultante, on pourrait dire fatale, des mouvements nouveaux d'intérêts, d'idées et d'aspirations qui ont trouvé leur source dans le développement exhubérant des forces

----

(1) Nous n'avons pas parlé, notamment, de l'industrie des *nourrices sur lieu*, qui enlève à quelques départements du Nivernais, de la Normandie, de la Bourgogne et des campagnes situées au voisinage des grandes villes, des familles entières : il faut consulter, à ce sujet, un excellent livre publié, il y a quelques mois, par **M.** de Magnitot, préfet de la Nièvre. Cet ouvrage est intitulé : *De l'assistance en province*. — Il contient de très curieux renseignements sur les développements qu'a pris cette industrie dans la Nièvre, et sur les effets, vraiment déplorables, qu'elle exerce, non-seulement sur la dépopulation, mais encore et surtout sur la démoralisation des familles rurales.

productives de l'industrie et du commerce, et, partant, des plus grandes facilités de consommation. Nous espérons pouvoir démontrer que, bien qu'il en ressorte la constatation de progrès évidents dans un certain ordre de faits économiques, il n'y aurait point lieu, si la situation faite à l'agriculture devait se prolonger, de se féliciter de ces progrès sans regrets et sans arrière-pensée.

CHAPITRE III.

—

COMMENT L'INSUFFISANCE DES OUVRIERS AGRICOLES PEUT AMENER DE FUNESTES CONSÉQUENCES.

Sommaire : La France au point de vue de la production agricole. — Dette hypothécaire. — Insuffisance du crédit foncier. — Dilemme. — Améliorations réclamées et impossibles. — Situations respectives de la grande, de la moyenne et de la petite propriété. — Personnel réduit. — France et Angleterre. — Prospérité publique. — Esprit de famille. — Moralité publique. — Patriotisme. — Nécessité d'une prompte solution.

Avant d'aller plus loin, il faut considérer la place qu'occupe la France, parmi les nations du monde, au point de vue général de la production et de la consommation agricole. Notre pays est particulièrement producteur de blé et de vin (1), les deux denrées les plus

(1) La valeur totale de la production agricole est ainsi évaluée :

Diverses céréales.	Grains . . . . . . 2,614,116,702 fr.		
	Pailles. 595,726,018		3,209,842,720 fr.
Cultures diverses.			1,741,795,286
Pâturages.			685,730,145
Total de la production agricole. . . .			5,637,368,151
Revenu total annuel produit par les animaux domestiques. . . .			2,716,500,483
Total général de la production agricole et du revenu brut des animaux domestiques.			8,353,868,634

(Statistique de la France, — 2ᵉ série, — Statistique agricole, 1860.)

indispensables pour l'alimentation publique. Habituellement, le commerce en exporte un excédant inutile à la consommation nationale. Mais quelquefois, depuis quelques années surtout, — et ce fait a coïncidé avec les époques où le déplacement des travailleurs agricoles s'est le plus sensiblement accusé, — au lieu d'exporter, la France a eu besoin de recourir à l'aide de pays plus favorisés : elle a été obligée de se procurer, sur des marchés lointains, des quantités considérables de blés et de farines qui lui manquaient pour compléter ses approvisionnements (1). Elle n'en a pas fait autant, à la vérité, pour les vins et les eaux-de-vie (2) : elle a continué de les écouler sur ou hors le continent ; mais, la production en ayant été fort restreinte, l'exportation n'a pu s'en faire qu'au prix de dures privations imposées aux classes les moins aisées des populations.

En outre, nous savons tous qu'en France la propriété foncière, qui est estimée valoir environ 100 milliards (3), est grevée d'une dette hypothécaire de 8 à 10 milliards de francs, — soit près d'un dixième de sa valeur vénale. Ses efforts pour s'affranchir de cette dette sont rendus

(1) Il est reconnu que la consommation annuelle de la France est d'environ 80 millions d'hectolitres de blé. Il a été soldé, pour l'approvisionnement de la campagne 1861-1862, de 350 à 400 millions d'achats de grains à l'étranger. Dans le seul espace de cinq mois, cette immense opération a porté sur 12 millions d'hectolitres.

(2) La production totale de la France pour les vins est de 46 à 50 millions d'hectolitres par an. Ce chiffre est variable. Il a été exporté : en 1859, — 2,519,039 hectolitres ; en 1860, — 2,020,786 hect. ; en 1861, — seulement 1,831,000 hectolitres. (M. Baroche, ministre sans portefeuille. — Discours au corps législatif, séance du 19 mars 1862.)

(3) Avec les nouveaux départements annexés.

impuissants par l'absence d'un crédit suffisamment établi, susceptible de lui permettre de récupérer, sinon l'intégralité, au moins une bonne part des ressources consacrées à l'amortissement, et qu'elle aurait tant besoin de réserver pour l'appliquer au perfectionnement de son exploitation. Vainement on a voulu la préserver d'une aggravation de pertes. Les pouvoirs publics et les entreprises financières ont cherché à lui venir en aide : le gouvernement impérial a mis à l'étude toutes les questions touchant au progrès de l'agriculture, et s'est appliqué à y donner les solutions les plus satisfaisantes. De leur côté, de puissantes sociétés se sont constituées, avec l'approbation légale (1), dans le but de fournir à la propriété les moyens d'échapper aux difficultés du présent et à celles que peut lui susciter l'avenir. Malgré tout, la propriété ne paraît avoir fait aucun pas sérieux dans le sens de sa libération de la dette hypothécaire qui la surcharge; nous n'oserions même pas nous inscrire en faux contre cette pensée, qu'elle a dû forcément laisser prendre à sa dette de nouveaux accroissements.

Ainsi, l'agriculture se débat dans les convulsions d'une crise dont il est nécessaire qu'elle sorte enfin. La dépopulation rurale lui ôte toute force pour lutter contre les mauvaises conditions qui l'entraînent.

(1) Citons, entre autres, le *Crédit foncier* (décret des 28 février 1852 et 6 juillet 1854) et le *Crédit agricole* (loi du 27 juillet 1860). — Ces deux institutions, ainsi que l'indique leur titre, étaient destinées, dans la pensée de leurs fondateurs, à venir exclusivement au secours de l'agriculture. Le Crédit foncier, par suite de la modération des demandes de prêts qui lui étaient adressées, a dû faire élargir successivement le cercle de ses opérations.

Devant elle, deux voies se présentent : ou le progrès, ou la décadence. Tant que subsistera le défaut de bras, tout progrès lui est interdit ; plus s'étendra la désertion des campagnes, plus vite elle marchera vers sa décadence. Tel est le cercle, le dilemme fatal où elle est condamnée à se mouvoir.

Ce n'est pas tout. En France, sur une contenance totale — non compris les nouveaux départements — de 53 millions 28,178 hectares, la superficie arable est de 43 millions 366,107 hectares. De jour en jour augmente l'importance des surfaces laissées sans culture. Cependant, au lieu de ce triste résultat, combien d'améliorations seraient utiles ! Il y a au moins 4 millions d'hectares qui, dans le voisinage des cours d'eau, ou en raison de leur position topographique, seraient susceptibles d'être fécondés par l'irrigation. 200,000 hectares de marais ne demanderaient que d'être desséchés pour être convertis en exploitations fructueuses. Le drainage revendiquerait la participation à ses bienfaits d'environ 6 millions d'hectares. Les terrains à reboiser sur les pentes, que dégradent chaque année les pluies torrentielles et qui sont la principale cause des inondations, occupent plus d'un million 200,000 hectares. Il existe plusieurs millions d'hectares de sol, impropres à la culture, qui devraient également être couverts de bois. Enfin, des étendues considérables de terre demeurent entièrement abandonnées, quoique étant recouvertes d'une couche végétale suffisante pour être fertilisées. — Eh bien ! de tout cela rien ne sera changé, si la situation actuelle dure encore ; la dépopulation rurale y mettra obstacle. Non-seulement l'agriculture ne pourra bénéficier de l'augmentation de produits que serait de nature à lui assurer la prise de possession de ces immenses superficies de sol qui n'attendent que le travail pour prodiguer leurs largesses, mais encore elle se trouvera contrainte de renoncer à une partie progressivement plus notable de ses profits actuels.

Remarquons, au reste, que la grande propriété est celle qui souffre le plus. La petite et la moyenne propriété, si elles ne prospèrent pas autant qu'elles le devraient, vivent du moins et se soutiennent. Il est admis que la terre, cultivée directement par le propriétaire et sa famille, peut faire rapporter au capital d'exploitation un revenu qui varie, en moyenne, de 5 à 8 pour cent (1). Pour le propriétaire qui n'exploite pas par lui-même, elle ne produit que 2 1/2 et 3 p. 0/0 communément. La rémunération est en raison directe du travail. Le travail manque rarement à la petite propriété : le cultivateur qui la possède y donne tous ses soins, tout son temps ; encore bien que peu avancé dans la connaissance des meilleures méthodes d'assolement et d'engrais, et malgré son culte inné pour la routine, il fait du moins tout ce qu'il sait, tout ce qu'il peut pour en tirer parti. La moyenne propriété, d'habitude exploitée ou par le possesseur aidé d'un personnel spécial, ou du moins sous sa direction et sa surveillance, se trouve dans des conditions analogues, à peu de choses près. En est-il de même de la grande propriété ?

Ici, l'insuffisance des travailleurs est en permanence.

____

(1) Dans certaines contrées, où les cultures industrielles sont introduites, ce revenu est bien supérieur : il y peut atteindre jusqu'à 12, 15 et même par exception 20 p. 0/0.

Qu'elle soit gérée par un régisseur, par des maîtres-valets échappant à l'impulsion du maître, par des colons partiaires ou des métayers, la grande propriété ne peut que végéter. Le régisseur, en admettant qu'il voulût et pût s'en occuper sérieusement, n'est pas toujours en état de prescrire et de contrôler, en même temps, sur les divers points d'un domaine un peu vaste, les diverses préparations et combinaisons si compliquées dans leur détail qu'exige la pratique culturale. Et puis, quelles que soient sa science et sa bonne volonté, il lui manquera le plus important : l'autorité. Il ne sera pas assez intéressé directement au progrès de l'exploitation, pour s'attacher à être bien compris, bien secondé. Même eût-il à sa disposition le nombre nécessaire d'ouvriers, et fût-il en mesure d'affecter aux besoins de la culture un outillage et un fonds de roulement en rapport avec l'exploitation dont il est chargé, il rencontrerait, à chaque pas, des difficultés nouvelles ; elles se dresseront bien autrement graves devant lui, si, par le fait de la dépopulation, le recrutement des ouvriers ruraux, si pénible déjà, devient de moins en moins possible. Pour les métayers, maîtres-valets et colons partiaires, l'expérience, selon nous, a condamné comme défectueux ces modes de culture : les embarras ordinaires, provenant du manque de travailleurs, s'augmentent ici des inconvénients de la fréquence du remplacement des colons, maîtres-valets et métayers, et de l'absence de ressources qui place ces derniers dans l'impossibilité d'imprimer à la propriété l'impulsion désirable.

Il n'était que deux systèmes qui, jusqu'à nos jours, eussent offert aux grands propriétaires avantage et sécurité : c'était, d'abord, le faire valoir ou mode de gestion directe par le propriétaire lui-même, y consacrant tout son temps, toute son intelligence, toute son activité, et n'épargnant aucune avance bien entendue pour atteindre à l'amélioration incessante des biens fonciers ; c'était ensuite celui, usité dans quelques contrées de la France et en particulier dans le nord, de la mise en ferme des terres entre les mains d'agronomes intelligents, actifs, riches déjà au point de pouvoir disposer de capitaux d'un chiffre assez élevé, mais ambitieux néanmoins d'agrandir le patrimoine de leur famille. Ces deux dernières manières d'exploitation ont largement contribué à accélérer la production. L'on pourrait dire que, partout où existe le progrès agricole, ce sont elles qui l'ont créé. — Elles sont également menacées, aujourd'hui, par la désertion des champs ; et, s'il n'y est porté remède, cette même pierre d'achoppement leur deviendra fatale.

Que l'on ne s'abuse point, au surplus, sur la possibilité de satisfaire, avec un personnel réduit, aux exigences de l'agriculture. Nous savons que, par comparaison avec d'autres nations, la France a dans les campagnes un nombre de bras qui, à la rigueur, paraîtrait devoir encore y suffire. Notre superficie cultivable, en effet, ainsi que nous le relevions tout à l'heure, est de 43 millions 366,107 hectares, tandis qu'en Angleterre, par exemple, elle ne dépasse pas 10 millions 372,502 hectares. La population agricole étant, d'après d'intéressants rapprochements (1), de 19

<hr>

(1) M. A. Legoyt, chef de bureau de la statistique générale de France.

millions 64,071 âmes chez nous, et dans les îles
Britanniques de 2 millions 390,967 âmes, il en résulterait que chaque personne attachée à l'agriculture
aurait à cultiver, en hectares, savoir : en France, 2,2 ;
en Angleterre 4,3. Ce rapport fait ressortir une
différence de près du double en faveur de la Grande-
Bretagne ; c'est-à-dire qu'un Anglais aurait deux fois
plus de sol à cultiver qu'un Français. Nous ne pouvons
que nous rallier à l'opinion du savant statisticien à
qui nous devons ces renseignements : il explique la différence constatée, par la prédominence, chez les populations rurales anglaises, de la culture fourragère et
de l'emploi des machines. Les aptitudes propres à
chacun des deux pays, sous le rapport agricole, n'ont
entre elles aucun point de contact ; toute comparaison,
toute assimilation est dès lors forcée. Là, l'usage des
machines est depuis longtemps répandu et vulgarisé ;
les cultures fourragères, un des premiers besoins de
toute bonne exploitation rurale, y sont favorisées par
des conditions climatériques et topographiques exceptionnelles. Ici, au contraire, les préjugés et la nature
elle-même opposent des obstacles qui jusqu'ici n'ont
pu être surmontés.

Il reste donc démontré que l'agriculture, si les travailleurs continuent à lui faire défaut, demeurera,
sans issue possible, dans la situation fâcheuse où elle
se trouve.

Mais nous avons, croyons-nous, assez amplement
indiqué les dangers que court la propriété foncière.
Nous avons dit les conséquences matérielles de la dé-

population ; il en est d'autres, plus générales, il est vrai, mais non moins élevées, qui sollicitent notre examen. Entrons donc dans un nouvel ordre d'idées.

Pour envisager, sous tous ses aspects, la question si grave qui nous occupe, il n'est pas de trop d'en éclairer certains côtés qui touchent à l'avenir de la société. Sans entrer prématurément en des considérations qui se présenteront ailleurs, il nous paraît important, dès maintenant, de rechercher l'influence qu'a exercée, sur la prospérité publique, le fait de l'émigration, dans les villes, d'une partie des populations campagnardes. Cette prospérité est-elle bien réelle ? On serait tenté de le croire, à ne juger que d'après les apparences de luxe et de bien-être accusées par les habitudes générales, et qui sont dues à l'ébranlement même des tendances et des besoins nouveaux. Eh bien ! nous pensons qu'il est prudent de ne se point trop fier aux apparences ; elles sont souvent mensongères. Parfois, d'incalculables misères s'agitent sous cette calme surface. On pourrait se demander si le niveau de l'aisance publique s'est véritablement élevé, parce que certains objets de consommation ont été rendus plus accessibles à tous : toujours est-il que les difficultés créées par la rupture de l'équilibre économique n'ont pas seulement occasionné une gêne sensible pour une certaine partie des populations des villes et des campagnes ; elles ont, en outre, amené l'augmentation du nombre des mendiants et des vagabonds (1). Ce fait seul ne serait-il pas un indice flagrant de souffrance ?

(1) Il résulte, en effet, des deux derniers dénombrements publiés par le bureau de la statistique générale de France, que

Depuis longtemps, les administrations départementales et communales poursuivent, avec la plus louable énergie, la destruction de la mendicité ; l'interdiction formelle, absolue, en est prononcée dans un grand nombre de départements (1), où l'organisation de l'assistance publique et privée à domicile a pris des développements inconnus à d'autres époques. Et voilà pourtant que ce fléau social, plus les soins des autorités s'attachent à provoquer sa disparition, plus il semble gagner de force, de vitalité. D'où surgit cette anomalie, si ce n'est de la cherté des denrées, causée par les déficits de l'agriculture ?

Qu'adviendrait-il de la société — nous le demanderons — si cette hideuse plaie du paupérisme, que les efforts de tous les gouvernements éclairés ont tant de peine à circonscrire, pouvait, à la faveur de l'encombrement anormal des villes, suivre dans l'avenir de nouvelles progressions ?

Et l'esprit de famille et de solidarité humaine, quel

le chiffre des mendiants et vagabonds se décomposait de la manière suivante, savoir :

	Hommes.	Femmes.	Total.
Année 1851.	94,928	122,118	217,046
— 1850.	97,290	123,640	220,930
Augmentation..	2,362	1,522	3,884

Nous ne connaissons pas encore les résultats du dénombrement de 1861, mais nous n'espérons pas d'atténuation à ceux consignés ci-dessus. Dans tous les cas, il est aisé de constater partout l'augmentation plutôt que la diminution du nombre des indigents.

(1) Des dépôts de mendicité existent dans 44 départements. (Dernier *Exposé de la situation de l'Empire*, présenté au sénat et au corps législatif.)

sort l'attend dans ce cataclysme suspendu sur la propriété ? Il n'est que trop visible qu'il a subi déjà un relâchement considérable. Il n'y a plus d'union entre concitoyens. Chacun pour soi : telle est la maxime commune. Chacun, en effet, se trace une voie et la suit, sans s'inquiéter de ceux à qui il peut faire obstacle. Qu'importent les autres ! Qu'importe la famille ! Chercher les jouissances du moment, et ne se point préoccuper de l'avenir, voilà la vie, pour le grand nombre. L'égoïsme, comme un ver rongeur, gagne peu à peu de la place dans les âmes. La loi du travail paraît trop dure ; pour y échapper, quelques-uns ne reculent devant aucune défaillance, devant aucune lâcheté. Voyez, autour de vous, quels affligeants spectacles. Des pères sont assez dénaturés pour abandonner leurs enfants à la charité publique, afin de pouvoir se mettre plus allègrement à la poursuite de la fortune... Par un retour logique, mais que réprouvent également la religion et la morale, les générations nouvelles — là surtout où manquent les lumières — non-seulement ne savent plus respecter la vieillesse, mais considèrent comme des *bouches inutiles* les parents les plus proches qui, après avoir péniblement assis les bases d'un modeste patrimoine, sont contraints, par la maladie ou la sénilité, de se condamner à un tardif repos. Ces vieillards se sont sacrifiés, dépouillés au profit des jeunes ménages : ils en espéraient un appui pour leurs derniers jours. Quelle sera leur récompense ? Ils seront poussés à la mendicité... ou à l'hospice ! (1)

(1) Que les couleurs un peu vives de ce tableau ne nous fassent point accuser d'outrer gratuitement les faits. Ce que nous

Et la moralité publique résistera-t-elle, sans troubles profonds, à de si puissants éléments de dissolution ? Elle a déjà reçu de notables atteintes ; qui oserait assurer qu'elle s'arrêtera sur la pente glissante où elle est jetée ? Là où les liens de famille et de société sont rompus, il faut s'attendre à tout. Les nécessités sociales sont unies entre elles par d'indissolubles enchaînements. Les mauvais exemples sont contagieux, comme les bons. Qui nous a dit que les derniers ouvriers demeurés, comme des attardés, attachés à la culture du sol, ne voudront pas eux aussi, un jour, à l'instar de leurs devanciers, aller demander aux villes la réalisation des promesses de lucre facile et de jouissances, à l'attrait desquelles ceux-ci n'ont pas su résister ? Trouveront-ils à se faire une place accommodée à leurs désirs ? Pourront-ils satisfaire leurs appétits désordonnés ? Pour s'efforcer d'arriver à leur but, ne renieront-ils pas la bonne foi et l'honnêteté qui jusqu'alors leur avaient été données en partage ?...

Et le patriotisme, enfin, — cette seconde religion qui fait du berceau des aïeux un objet de vénération et de culte, — le patriotisme subsistera-t-il, au milieu de ce cahos, de ces ruines amoncelées autour de l'in-

disons est vrai : une longue pratique administrative nous a fourni trop souvent l'occasion de le constater ; et, d'ailleurs, des informations puisées à de bonnes sources nous ont convaincu que cet abaissement de l'esprit de famille tend à s'étendre de jour en jour. Peut-être, dans certains départements, les facilités même qu'offre l'exagération mal comprise des moyens d'assistance favorisent-elles de pareilles habitudes. Quoi qu'il en soit, l'oubli des devoirs paternels et filiaux, en d'aussi déplorables conditions, ne saurait être trop hautement flétri et poursuivi par tous les hommes de cœur.

térêt personnel, de l'égoïsme, du *moi* passé à l'état de fétichisme ?....

Nous ne voulons pas sonder plus avant les déductions qui pourraient encore être tirées du déplacement des habitants des campagnes. Arrêtons-nous. Les effets que nous avons signalés, pensons-nous, suffisent pour démontrer combien la dépopulation rurale est en soi une chose fatalement nuisible à tous les points de vue. Cette question est de celles qui justifient les plus vives préoccupations. De sa prompte solution dépend l'avenir de la propriété foncière, et peut-être de la société elle-même : le *statu quo* est impossible, et aussi tout ajournement, toute temporisation.

CHAPITRE IV.

—

QUI SAUVERA LA PROPRIÉTÉ?

SOMMAIRE : Rôle de l'outillage dans l'agriculture. — Faut-il
compter sur le pouvoir? — Programme impérial. — Actes
du gouvernement. — Le pouvoir a fait largement ce qui
dépendait de lui. — A la propriété de se sauver elle-même.

La France est destinée, par sa position sur le continent, à être avant tout agricole. Cependant — nous
l'avons établi — la propriété foncière y est en
souffrance : l'agriculture ne reçoit que des soins par-
tiels, incomplets, et la production se trouve suspendue,
arrêtée. Les effets de la crise gagnent de proche en
proche. Ils entraînent avec eux des conséquences
morales désastreuses. Pour y mettre fin, il est indispensable de combattre la dépopulation rurale.

Qui nous tirera de cette situation, si pleine de per-
plexités et de périls?

Sera-ce les machines perfectionnées ? L'outillage,
dans l'agriculture, joue un grand rôle. Les progrès les
plus incontestables dont la science agronomique pût
justement s'enorgueillir — si ces progrès n'étaient
presque réduits à néant par la force des circonstances
— se trouvent, surtout, dans l'amélioration des instru-

ments aratoires. Malheureusement, les machines appelées à suppléer au manque de bras ne marchent, ne fonctionnent que sous la direction de ceux-ci ; elles ne peuvent s'en passer. Elles atténuent, sans doute, une partie des regrettables vides qui se sont faits dans les populations laborieuses des campagnes ; mais elles sont impuissantes, par elles-mêmes, à tenir lieu des bras que réclame le travail agricole. Il ne faut pas, du reste, s'y tromper : les machines doivent être regardées comme des *auxiliaires* à donner aux ouvriers ruraux, pour simplifier le labeur et accroître du même coup les facultés productives de la terre, plutôt que comme des *agents* appelés à remplacer, à supplanter les travailleurs eux-mêmes (1). Oui, à notre avis, l'emploi des machines et instruments perfectionnés doit exercer sur

(1) Dans beaucoup de localités, les ouvriers ruraux n'accueillent les machines qu'avec une hostilité évidente : ils n'y voient que des engins préjudiciables à leurs intérêts, ne comprenant point l'utilité qu'eux-mêmes en peuvent tirer ; ils s'imaginent que les instruments perfectionnés sont pour l'agriculture, comme pour l'industrie, un moyen de diminuer le nombre des bras employés aux travaux d'exploitation du sol. — Cette appréciation tient à un préjugé regrettable, qu'on ne saurait trop combattre ; on y parviendrait, ce me semble, en propageant sur ce point des idées plus saines. Il ne serait pas malaisé d'expliquer, par exemple, aux ouvriers agricoles, combien les machines peuvent leur épargner de fatigues et de peines, en rendant plus rapide et meilleur leur travail, et en permettant, par voie de suite, d'abréger la durée de leurs journées. On leur ferait saisir avec la même facilité les autres avantages des instruments perfectionnés : la possibilité de consacrer plus de temps et de capitaux à l'élevage du bétail, pour lequel la mécanique ne sera jamais substituée à la main de l'homme, à l'extension de la culture des fourrages artificiels, à la multiplication et à l'amélioration des engrais, principes essentiels de tout progrès agricole ; au développement des défrichements, des cultures industrielles, etc., etc.

le développement, sur l'expansion de la fortune agricole une influence des plus légitimes, des plus heureuses. Elles sont un merveilleux appoint de puissance entre des mains intelligentes. Leur activité ne se fatigue point. L'expérience en montrera toutes les ressources, et un jour viendra où ces ressources ne seront plus méconnues. Mais, jusque-là, combien de temps faudra-t-il pour qu'il y ait à constater de sensibles résultats ! Que d'obstacles à vaincre, de préjugés à braver !

Faudra-t-il attendre d'ailleurs un secours moins éloigné ? Nous sommes dans un pays où il est d'habitude de compter peu sur l'initiative individuelle. A toute difficulté qui nous presse, à toute crise qui survient, nous avons recours à l'intervention du pouvoir ; lui seul, semble-t-on croire, est et doit toujours être en mesure de nous tirer d'affaires. Dans le cas présent — peut-être — tous les yeux, toutes les espérances sont tournés vers lui. Qui nous sauvera de la catastrophe prochaine, si ce n'est le gouvernement ?..... Mais le gouvernement, comme nous l'avons dit, a fait tout ce qui dépendait de lui pour favoriser les intérêts de la propriété : il n'a cessé de montrer que l'agriculture avait la première place dans ses préoccupations. Rappellerons-nous toutes les circonstances où s'est trahie sa sollicitude ?

Sans revenir sur le patronage qu'il a accordé aux deux institutions — le *Crédit foncier* et le *Crédit agricole* — que nous avons déjà mentionnées, nous fixerons, en premier lieu, l'attention de nos lecteurs sur l'acte le plus important de ces dernières années : la lettre impériale, du 5 janvier 1860, à M. le ministre d'État.

Cette lettre, qui, à juste titre, a été appelée un *programme*, est la manifestation la plus éclatante du sentiment qui anime le chef de l'État en faveur des besoins et des intérêts du pays. L'agriculture y prend une large part. L'acte impérial, en effet, ne parle de rien moins que de la faire participer aux bienfaits des institutions de crédit, d'affecter annuellement des sommes considérables aux grands travaux de desséchement des marais, d'irrigation des plaines, de défrichement des landes et des forêts, de reboisement des montagnes ; de rendre moins onéreux les transports des denrées, des machines, des engrais, etc., par la multiplication des voies de communication économiques, la réduction des tarifs et l'achèvement des canaux et chemins de fer ; enfin, de faciliter les échanges par des traités avec l'étranger et la suppression des prohibitions, toujours fâcheuses aussi bien pour l'agriculture que pour le commerce. Ces promesses étaient nombreuses. Par leur nature même, elles inspirèrent à toute la France un élan de sincère et vive reconnaissance, qui dut arriver jusqu'au pied du trône. La réalisation, toutefois, ne s'en fit pas longtemps attendre. Tout le monde a pu apprécier les féconds résultats des deux mesures les plus saillantes qui, ayant leur point de départ dans l'acte du 5 janvier, ont déjà profondément modifié le régime économique et douanier : nous voulons parler des traités de commerce avec l'Angleterre (23 janvier 1860) et avec la Belgique (1ᵉʳ mars 1861). Puis viennent la loi du 28 juillet 1860 et le décret du 6 février 1861, concernant la mise en valeur des terrains communaux, le desséchement des marais et le reboisement des montagnes ; des allocations de subventions considérables aux compagnies de chemins de fer pour l'achèvement du réseau ; les travaux ordonnés pour irriguer les plaines[1], partout où le permettait le voisinage des cours d'eau ; l'étude où la reprise de projets de canalisation devant être utiles au pays ; l'affectation de 25 millions à l'amélioration et à l'achèvement des chemins vicinaux ; l'impulsion donnée aux classements et rectifications des routes impériales et départementales ; l'abolition de l'échelle mobile, etc., etc.

Après cela, citerons-nous d'autres mesures étrangères, il est vrai, à la lettre du 5 janvier 1860, mais également profitables pour l'agriculture? Dans cette classe se rangent, entre autres dispositions, la loi du 17 juillet 1856, affectant 100 millions à l'encouragement des travaux de drainage ; la formation de fermes impériales dans les parties réputées les plus infertiles de la France ; les mesures prescrites pour prévenir les inondations dans les vallées ; la création des commissions de statistique pour la confection d'une statistique agricole ; la tenue, à Paris, de concours généraux et nationaux d'agriculture, et, en outre, sur les domaines impériaux de Vincennes et de Fouilleuse, de concours internationaux de machines à faucher les prairies et à moissonner les céréales ; l'extension donnée aux concours régionaux et aux subventions accordées aux sociétés d'agriculture et aux comices ; l'établissement de camps militaires, destinés à féconder de grandes étendues de pays, jusqu'à ce jour improductives ; le nouveau système d'encouragement à la production

chevaline; le dépôt chez des cultivateurs, par le ministère de la guerre, de juments propres à la reproduction,
et de chevaux et mulets de l'armée; la publication, par
le département de l'agriculture, du commerce et des
travaux publics, d'instructions tendant à faire mettre
les récoltes à l'abri de l'humidité, en établissant, immédiatement après la moisson, de petites meules ou
moyettes, recouvertes de capuchons formés par des
gerbes liées et renversées, etc., etc. (1).

Que désirer de plus du gouvernement? Certes, il
est difficile de lui demander davantage pour le passé.
Si forte que fût sa volonté d'amoindrir les charges, les
difficultés qui entravent l'essor des progrès de l'agriculture, il a généreusement rempli sa mission; son
action a sa limite assignée là où commence la nécessité,
pour les propriétaires, de le suivre dans la voie qu'il
leur a si largement ouverte. Le pouvoir a déblayé le
terrain; désormais, toutes les barrières légales en
d'autres temps élevées devant la propriété, et qui
l'emprisonnaient dans l'immobilité et l'impuissance,
se trouvent abattues. L'entière liberté des transactions,
du commerce est proclamée; des encouragements,

(1) Cette dernière mesure, si simple en apparence, n'a pas été
sans laisser des effets très importants. Le moyen de préservation recommandé est aujourd'hui adopté généralement par les
propriétaires, grâces à la persévérance de la publicité prescrite
par ordre ministériel, dans toutes les communes. Antérieurement, les agronomes les plus éminents l'avaient préconisé depuis
longtemps: leurs efforts de propagande, quoique inspirés par le
seul intérêt du bien public, n'avaient obtenu qu'un succès
douteux, en tout cas fort limité. Il n'y a rien d'exagéré à attribuer à l'usage des *moyettes*, durant le cours des dernières années,
la conservation d'un cinquième au moins de la quantité totale
des blés coupés.

des exemples de toute nature sont donnés, et par
l'initiative la plus haute. Là était l'œuvre du pouvoir ;
elle peut être complétée, et le sera, nous n'en doutons
pas ; mais elle ne saurait aller plus loin. Le pouvoir
ne spécule pas ; sa mission ne va pas jusqu'à prendre
directement en mains le timon de la propriété, — le
navire vînt-il au point de faire naufrage. S'il en était
autrement, ce serait, pour lui, descendre des sommités
politiques où il plane au-dessus des grands intérêts du
monde, et entrer dans l'un de ces systèmes d'absorption
radicale prônés par les apôtres de la dissolution sociale,
et que le bon sens public a toujours énergiquement
répudiés.

A qui donc incombera le soin de sauver la propriété
des éventualités désastreuses qui l'enserrent et l'étrei-
gnent de toutes parts ?

A qui ? A la propriété elle-même ; elle a en ses mains
toutes facilités pour mettre promptement un terme à
ses souffrances. Nous avons mentionné, au précédent
chapitre, les difficultés et les charges qui pèsent sur
elle. Rappelons que si la France se voyait forcée,
par l'insuffisance de ses propres produits, de continuer
à demander à l'importation une notable partie de ses
céréales ; que si, d'un autre côté, la propriété foncière,
demeurant sous le coup de la dépopulation, ou subissant de plus en plus l'influence de la désertion rurale,
au lieu de se débarrasser peu à peu de sa lourde dette
hypothécaire, venait à se trouver grevée davantage,
en raison de sa déperdition forcée de valeur, notre pays
faillirait au rôle qui lui est assigné par la Providence.
Évidemment, le bien-être public en souffrirait profon-

dément; la misère s'accroîtrait en d'incalculables proportions, et la mendicité, loin de se réduire, deviendrait comme une sorte d'état normal dans la société; car il n'est pas utile d'insister sur cette démonstration, que la continuation de la situation que nous avons retracée ne saurait manquer d'entraîner, pour la propriété, des conséquences qui réagiraient désastreusement sur les conditions de la prospérité générale.

A la propriété donc — disons-le bien haut — de faire tous ses efforts pour sortir de la phase critique où elle est engagée. C'est pour elle une question de mort ou de vie; il lui appartient de décider si elle doit garder ou perdre définitivement tout droit aux secours qui peuvent l'aider encore à se retirer de l'abîme. Son sort dépend de ceux qui la possèdent; à eux d'entreprendre et de compléter l'œuvre d'amélioration, de régénération à laquelle doivent les exciter le sentiment de leur force, le péril et leurs propres intérêts.

Et qu'on n'attende point plus longtemps. Chaque jour passé dans l'inaction est un jour perdu. L'orage gronde déjà; rapidement il avance. Il est important, indispensable — impérieusement urgent de le conjurer. La dépopulation des campagnes, au degré qu'elle a atteint, est déjà une calamité; si elle n'était arrêtée, elle deviendrait bientôt, on n'en peut douter, la plus grosse pierre d'achoppement opposée, non point seulement au développement régulier, mais à l'existence même d'une suffisante production agricole. Il est temps aujourd'hui d'aviser; le sera-t-il plus tard? Puisque les ouvriers ruraux abandonnent les champs, il faut retenir ceux qui y sont encore, il faut rappeler ceux qui les ont quittés. Nous savons pourquoi ils se déplacent ; nous connaissons les conséquences de leur désertion ; — cherchons par quels moyens il convient de combattre leur pernicieuse tendance. Que les propriétaires se dévouent résolument à cette tâche. Leur devoir est ici d'accord avec leur intérêt. Pour le moment, il n'est pour eux aucun but ni plus grand, ni plus noble à poursuivre. Vouloir, c'est pouvoir. S'ils apportent dans leur conduite, dans leurs conseils, dans leurs exemples l'énergie et la persévérance nécessaires, nous osons, à coup sûr, leur prédire le succès.

CHAPITRE V.

—

PUISSANCE DE L'ASSOCIATION.

SOMMAIRE : Maux et remèdes. — L'association comme nous
l'entendons. — Faits moraux et faits matériels. — Exemples
administratifs. — Industrie et commerce. — Associations
agricoles. — Compagnies d'assurances. — Sociétés de cheptel.
— Comices et sociétés d'agriculture et d'horticulture. —
Capital et travail. — Union des intérêts, des volontés, des
intelligences. — Confiance.

Quand les causes et les effets d'un mal sont déterminés, il est facile ou du moins possible d'y appliquer
les remèdes qui doivent le guérir ; l'essentiel est d'enrayer, dès l'origine, sa marche envahissante ; la cure
vient ensuite, aidée par le travail latent de la nature.
Tous les maux qui affligent l'humanité ont, entre eux,
cette singulière analogie : on peut dire que chacun a
son spécifique — connu ou inconnu — certain, infaillible, pourvu qu'il soit employé avant que le temps
n'ait consommé son œuvre de destruction, en tarissant,
jusque dans leur principe, les sources mêmes de la vie.

La dépopulation des campagnes est comme une
sorte d'épidémie. Autant elle a de mobiles, autant de
spécifiques à mettre en usage. Dès que son aggravation

sera prévenue, toute appréhension pourra disparaître ; l'avenir sera l'affaire de la persévérance et du temps.

Mais quels seront les moyens appliqués à cette cure ? Nous entreprendrons, dès le chapitre suivant, leur exposition et leur examen détaillé. Quant à présent, bornons-nous à les ramener tous à une forme unique, générale, dont les applications s'adaptent, de tous les points, à l'intervention personnelle des propriétaires. Nous avons démontré l'importance, l'urgence qu'il y avait pour eux de sauvegarder leurs intérêts ; c'est donc à eux qu'il faut remettre le soin et le pouvoir d'agir.

Or, l'instrument qui peut et qui doit infailliblement permettre aux propriétaires de rentrer dans la possession entière des garanties de travail, si vivement réclamées aujourd'hui par l'agriculture, c'est l'association. L'association est la seule puissance en mesure de combattre efficacement la dépopulation rurale. A ce titre, il est important que ses combinaisons, ses divers modes d'application — pourtant si simples — soient expliqués, précisés, de manière à être rendus en quelque sorte palpables : nous désirerions pouvoir faire pénétrer nos démonstrations dans tous les esprits.

Mais nous éprouvons dès maintenant le besoin de prévenir tout étonnement, toute inquiétude. L'association, telle que nous la comprenons et la voulons, n'est liée par aucune affinité à ces théories violentes qui, à des époques peu éloignées encore, ont été un légitime sujet d'effroi pour la religion, la famille et la propriété. Ces théories, nous les repoussons de toute l'énergie de nos convictions et de notre conscience. Déclarons-le hautement : nous ne croyons point, parce qu'il existe dans la société des imperfections, qu'il soit utile de tout bouleverser pour essayer de les faire disparaître. Démolir n'est point édifier ; quand le sol, après de terribles commotions, est couvert de ruines, on demeure longtemps à l'entour, incertain, frémissant, épouvanté, — ignorant du temps qu'il faut pour déblayer ces décombres et se retrouver dans un état de calme et d'entière quiétude. La perfectibilité incessante est possible, non la perfection absolue. Aussi est-il de l'essence du progrès de ne s'accomplir que par une succession lente, mais continue, de changements à introduire dans les rapports et les besoins qui se manifestent parmi les diverses classes des populations.

L'association — comme nous la concevons — n'a donc rien de commun avec l'utopie ou le rêve. Nous la voulons dans les limites de la possibilité et de la justice, et non point pour servir d'arme à une partie du pays contre l'autre, pour ameuter les petits contre les grands, les forts contre les faibles ; nous ne voulons point qu'elle puisse se transformer en un instrument de troubles et de passions. Pour nous, tous les intérêts sont également respectables. Ils sont solidaires. C'est à leur conciliation que tendent toutes nos combinaisons.

Or, l'association a pour objet, dans sa destination générale, de grouper en une masse commune, pour leur imprimer une virtualité puissante, diverses forces qui, livrées à leur propre impulsion, resteraient négatives ou sans vigueur. On se rend facilement compte de l'immense pouvoir de ce système d'action collective : deux hommes, réunissant leurs efforts, renverseront aisément un obstacle, où les bras d'un seul n'eussent occasionné aucun ébranlement; les forces, par leur cohésion, font plus que doubler; pour peu que l'association s'étende, elle produit des effets hors de toute comparaison avec les sommes isolées d'impulsion provenant des éléments qui la composent; arrivée à de certaines proportions, on peut dire que rien ne peut lui résister.

Les causes et les effets de la désertion rurale que nous avons signalés appartiennent à deux ordres de faits : les faits moraux, les faits matériels. Pour agir sérieusement, il faut donc que l'association se prête à toutes les combinaisons correspondantes. Est-ce possible? Oui, assurément. Dans notre pensée, l'association doit être aussi fructueuse dans la sphère des intérêts moraux que dans celle des intérêts physiques.

L'association n'est point le résultat de l'invention humaine; elle est aussi vieille que le monde et procède des lois mêmes qui ont présidé à la formation des peuples. La société, l'autorité, la famille, considérées comme agrégations de personnes, ne sont autre chose que des associations : le besoin de communauté, de préservation, de solidarité, telle en est l'origine. La civilisation n'a fait que rendre plus frappants, par l'observation, des faits et des conséquences préexistants, mais mal définis.

Nous venons de citer trois des grandes applications de l'association. La société, l'autorité, la famille constituent, en effet, les bases essentielles de l'existence des nations ; sans elles, point de sécurité, d'union, de vie ; supprimez ces grands principes, et vous faites de chaque créature humaine un adepte du culte exclusif du *moi*, vous réduisez l'homme à l'état de brute, et anéantissez en lui toute notion d'ordre et de liberté. S'il en est ainsi, il est évident que l'association exerce, d'une manière générale, sur les choses de l'ordre moral, une décisive influence. De même, l'association doit avoir une faculté agissante en faveur des satisfactions légitimes que réclament les intérêts moraux, en ce qui affecte particulièrement la dépopulation des campagnes.

Quant aux faits matériels, l'association, grâce à Dieu, n'en est plus, depuis longtemps, à faire ses preuves : partout où elle a été mise à l'essai, elle s'est traduite en résultats inespérés. Elle est également efficace pour tous les besoins.

Qui ne sait les ressources qu'en tire tous les jours l'administration ? Citons seulement quelques exemples. Personne n'ignore le mode de confection et d'entretien de la moyenne et petite vicinalité. Les travaux sont effectués au moyen de la *prestation*. Or, la prestation n'est autre chose qu'une des formes de l'association. Il est facile de comprendre toute l'économie de ce système : la démonstration, par le fait même, est du ressort des sens. L'organisation des *souscriptions* volontaires, en argent et en nature, pour l'exécution des travaux d'intérêt public, a des effets analogues. Il en est de même de la constitution des *syndicats* pour le curage, l'endiguement ou le redressement des cours d'eau. Il n'est pas jusqu'aux loteries employées, en

ces derniers temps, au profit d'œuvres méritoires —
mais où, malheureusement, peuvent avec trop de
facilité se glisser de déplorables abus — qui ne soient
une preuve de la force, de la virtualité de l'association.
Ces exemples — que nous prenons à dessein dans
le domaine administratif comme plus généralement
connus — nous pourrions les multiplier.

Et l'industrie et le commerce, quels avantages ne
trouvent-ils pas dans l'association? Qui ignore que des
compagnies spéciales existent pour l'exploitation des
chemins de fer, des canaux, des mines, de la na-
vigation proprement dite et du cabotage, de la pêche,
des transports de tout genre, des assurances maritimes
et terrestres; pour le fonctionnement d'usines importantes et de grandes fabriques; en un mot, pour la
mise en jeu des modes innombrables de transformation
des matières premières et de dissémination des produits manufacturés, par des transactions intéressant
tous les continents? Ces compagnies, dont le but est
de réunir les forces du travail et du capital, que sont-
elles? Des associations. Sans l'agrégation de leurs
membres, l'action de ceux-ci, éparpillée, se mouvant
dans d'étroites sphères, n'aurait que des résultats misérables, inconsistants; ces résultats, même rassemblés
en faisceau, n'auraient que leur valeur naturelle;
par l'effet de l'association, ils se trouvent avoir de plus
une valeur acquise, proportionnelle, qui les décuple,
les centuple même quelquefois; et c'est ce qui explique
les progrès de notre époque en matière d'industrie et
de commerce, progrès que nous avons déjà indiqués
comme ayant jeté la perturbation dans les conditions
d'existence de l'agriculture.

Ainsi donc, dans l'administration, dans l'industrie, dans le commerce, l'association a affirmé toute son efficacité. Est-ce qu'il en pourrait être autrement dans l'agriculture? Évidemment, non.

Les économistes ont souvent démontré la possibilité de l'association comme moyen d'activer l'accroissement de valeur de la propriété foncière, par le développement de sa production. Selon eux, l'association, à ce dernier point de vue, est susceptible des applications suivantes (1) : — exploitation commune des terres appartenant à divers associés ; — achat, entretien et usage en commun de machines, d'instruments et de bâtiments propres ou nécessaires à la culture ; — construction à frais communs, usage et entretien communs de canaux d'irrigation et autres travaux d'art devant être utiles à tous les associés ; — enfin, garantie mutuelle de prêts pour l'amélioration du sol, ou de secours en prévision des éventualités qui peuvent frapper l'agriculteur, soit dans sa personne, soit dans sa propriété.

A quoi tendent ces formes variées de l'association ? A plusieurs fins qui peuvent se réduire en un terme unique : l'augmentation, incessamment progressive, de la production agricole, c'est-à-dire le développement constant de la fortune publique, et partant du bien-être, de l'ordre, de la moralité, de la liberté de chacun.

Ajoutons, au reste, que des associations de ce genre ne sauraient, aujourd'hui, être considérées comme des

____

(1) Voir, ci-après, au chap. VII, les explications dans lesquelles nous entrons au sujet de ces divers modes d'association.

innovations : on trouve des traces d'établissements fondés, sur des bases analogues, à des époques et en des pays éloignés de nous. Sans remonter jusqu'à leurs origines, nous dirons que des associations agricoles, dont certaines encore en activité, ont longtemps fonctionné en plusieurs contrées de l'Europe. En Italie, en Suisse, en Pologne, en Prusse, l'agriculture a retiré d'immenses bienfaits de diverses sortes d'associations formées dans le but de favoriser ses progrès. L'Espagne a ses *positos des labradores* (1) ou greniers d'abondance, qui, constitués par l'apport d'une portion déterminée de la récolte en blé de chacun des sociétaires, réparent les pertes éprouvées par suite de sinistres, et sont, en prévision de toute éventualité, une garantie certaine contre les atteintes d'une disette possible. La France même a depuis longtemps reconnu les ressources que peut offrir l'association agricole. Les *billets de confiance*, autrefois en usage dans le Poitou (2), étaient une manifestation de l'esprit d'association qui, sagement dirigé vers les améliorations culturales, est de nature à enfanter des prodiges. Les fromageries du Jura offrent aussi un type remarquable. Ces associations, suivant un éminent économiste (3), sont connues sous le nom de *fruitières*; elles sont composées de petits propriétaires d'une ou même de plusieurs communes.

(1) Dans un de ses rapports au conseil général du Gers (année 1855), M. Paul Féart, alors Préfet de ce département, publiait de très intéressants renseignements sur les *positos* d'Espagne.

(2) Une Notice sur cette institution a été publiée par M. Lecointre-Dupont.

(3) Le regrettable M. Rossi.

Chacun apporte, matin et soir, le lait de ses vaches au siége de la société; là, il est éprouvé, mesuré et versé dans le dépôt commun. La fabrication se fait le plus économiquement possible, à frais communs. Les produits eux-mêmes, ou leur prix, sont partagés entre les associés, au prorata de la quantité de lait fournie par chacun d'eux.

Mais, tous les jours, ne voyons-nous pas autour de nous — sans y chercher des modèles — des associations dont l'influence se fait sentir, de la manière la plus heureuse, sur la propriété? Quel bien n'ont point fait les sociétés ou les compagnies d'assurances contre l'incendie, contre la grêle, contre la mortalité des bestiaux? Quelles causes de découragement pour l'agriculture, si elle n'eût trouvé dans ces établissements — tout imparfaits qu'ils sont (1) — la réparation, au moins partielle, de pertes et de désastres trop souvent

(1) La plupart des établissements d'assurances qui existent, quoique nous ne voulions point méconnaître les services qu'ils rendent journellement, laissent, il faut bien le dire, prise à un grave reproche: ils semblent bien plus avoir en vue leurs propres intérêts que ceux de leurs assurés. — Les compagnies à *primes fixes* ont surtout pour objet une spéculation au profit de leurs actionnaires: ménager à ceux-ci les plus gros dividendes et payer le moins de sinistres que possible, — telle est la mission qu'elles se sont attribuée. D'une part, le personnel d'administration, qui reçoit des émoluments ou des remises quelquefois par trop exagérés en raison d'une concurrence plus ou moins multiple à combattre, et, d'autre part, les frais généraux, absorbent, d'ailleurs, une notable portion des encaissements. — Les sociétés basées sur la *mutualité* exigent aussi des frais de gestion trop considérables; et d'un autre côté, leurs opérations, toujours restreintes, leur interdisent de répondre suffisamment à tous les besoins.

Nous retrouverons cette question des assurances plus loin, au Chapitre XI, concernant les caisses de prêts agricoles.

renouvelés! Et les sociétés de cheptel (1), qui, à plusieurs époques, ont essayé de se fonder, dont quelques-unes ont sombré devant l'indifférence ou l'ignorance publique, mais dont certaines autres, cependant, sont parvenues à dominer les préventions soulevées contre elles, combien n'ont-elles pas aidé à accélérer, sur quelques points, les progrès de la production, par l'augmentation des quantités de bétail attachées aux exploitations rurales, des cultures fourragères et des engrais! Combien autrement puissante encore a été l'action des comices et sociétés d'agriculture et d'horticulture! Ces associations, les plus répandues, rayonnent et s'étendent sur toutes les surfaces du pays. Partout composées d'hommes intelligents, les plus compétents en connaissances agronomiques, elles prodiguent, autour d'elles, la lumière par les discussions qui s'agitent dans leur sein, les exemples par les encouragements qu'elles distribuent aux plus dignes.

Il n'est donc pas douteux que l'association ne puisse offrir de nouveaux et encore plus précieux avantages à la propriété. Jusqu'ici, elle a été loin d'être mise en demeure de fournir à l'agriculture tout le contingent de services qu'elle est apte à rendre; on est en droit d'exiger d'elle une plus large et plus profitable carrière

(1) Rien de plus utile que des établissements de cette nature. Il est regrettable que le cheptel, dont la pratique remonte, pour certains pays, à des époques reculées, ne soit pas d'un usage plus général. Si l'axiome agronomique : — « *Pâturage et labourage sont les deux mamelles de l'État* » — n'a pas cessé d'être une vérité, ce qui ne sera contredit par personne, il est surprenant que ce mode de propagation du bétail ne soit pas particulièrement encouragé par toutes les sociétés et comices agricoles. Nous prenons la liberté d'appeler leur attention de ce côté.

Sous ce dernier rapport, l'association doit forcément comprendre le capital et le travail, afin de féconder l'un par l'autre. Le capital et le travail sont pour l'agriculture, comme pour le commerce et l'industrie, deux agents indispensables de la production ; la terre en est l'instrument. La combinaison à laquelle donne lieu l'association, dans ces conditions, embrasse donc, et ceux qui possèdent représentant le capital, et ceux qui exploitent le sol de leurs mains, c'est-à-dire le travail ; en un mot, d'une part, les propriétaires, de l'autre, les ouvriers agricoles. La communauté des efforts peut seule les rendre efficaces. Par conséquent, l'association, pour atteindre à son maximum de bienfaits, doit nécessairement créer de plus étroits rapports, une solidarité plus réelle, plus intime entre tous ceux qui, à l'un ou à l'autre des deux degrés, sont attachés à la terre comme détenteurs ou comme travailleurs.

Sous quelque aspect qu'on l'envisage, l'association devient le principal mécanisme à mettre en œuvre pour triompher des résistances que rencontre la propriété et qui l'empêchent de se mouvoir en toute liberté. L'un de ces obstacles les plus sérieux — celui qui, on le peut dire, est la base de tous les autres — réside, répétons-le, dans le déplacement des ouvriers ruraux ; c'est celui que, d'abord, il importe de renverser. On n'y parviendra que par l'union de tous les intérêts, de toutes les volontés, de toutes les intelligences. L'association, espérons-le, permettra que ce but soit atteint. Nous avons vu, par les exemples que nous avons cités, de quelle force elle est capable. Appliquée aux intérêts de la propriété, elle aurait sans contredit les mêmes vertus. La production agricole se trouve partout dans une situation périlleuse ; son expansion pourtant n'a d'autres bornes, d'autres limites que celles que lui assignent et le degré de perfection du travail qui lui est consacré, et l'étendue des besoins généraux des peuples. De l'association, en grande partie, dépendent l'accroissement du travail et la satisfaction de tous les besoins. La dépopulation des campagnes disparaissant, l'avenir de l'agriculture, aujourd'hui entravé, ne pourrait que reprendre librement son essor et entrer dans de nouvelles phases de progrès. C'est pour nous une raison d'avoir confiance dans le discernement et le bon sens des propriétaires et des populations rurales.

DEUXIÈME PARTIE.

MOYENS.

DEUXIÈME PARTIE.

MOYENS.

CHAPITRE VI.

INTÉRÊTS MORAUX.

Sommaire : Instruction primaire. — Extension du programme. —
Conférences par voie d'association. — Éducation professionnelle. — Les femmes. — Rapprochement des classes. — Bibliothèques communales. — Les préjugés combattus par les
lumières. — Moralité publique. — Religion. — Distractions.
— Orphéons ruraux. — Luxe. — L'ouvrier des villes — La
charité.

Nous avons dit les causes de la dépopulation rurale.
La plus importante, c'est que les hommes voués à la
culture du sol, les ouvriers agricoles (1), se croient en
droit de n'être pas satisfaits de leur situation ; selon eux,
elle pourrait être moins précaire, plus supportable. Il
y a certainement de l'exagération dans ce préjugé ;

(1) Cette classe de travailleurs vaut bien qu'on pense à elle :
sur 19,064,074 âmes, formant la population agricole totale de la
France, les ouvriers travaillant directement la terre ne comprennent pas moins de 6,566,588 individus (3,275,208 hommes ou
garçons, et 3,291,380 femmes ou filles). — *Dénombrement de 1856.*

mais qui oserait affirmer qu'il n'y a rien à faire pour
le dissiper? Nous pensons, nous, qu'il convient d'y
prêter quelque attention.

Si nous voulions relever et approfondir à un point de
vue purement théorique toutes les améliorations que
réclamerait la condition actuelle des travailleurs des
campagnes, d'importants et difficiles problèmes s'offri-
raient à nos méditations; mais tel n'est point notre but.
La tâche que nous avons entreprise est plus modeste.
Pour la remplir selon notre pensée, nous nous bornerons à examiner quels sont les intérêts principaux qui
seraient immédiatement susceptibles de recevoir de
nécessaires satisfactions. Nous parlerons, d'abord, de
l'instruction au point de vue particulier des populations
rurales.

L'instruction est le premier besoin des peuples : elle
est le point de départ et comme le régulateur essentiel
de toute civilisation. L'histoire est là pour affirmer
qu'aux temps antiques, comme aux époques modernes,
les peuples les plus heureux, les plus prospères, les
plus libres, ont toujours été les plus éclairés. La bar-
barie, la misère, l'asservissement, au contraire, ont été
le lot des nations plongées dans les ténèbres de l'ignorance. Pourquoi la France, aujourd'hui, est-elle si
puissante, que sa volonté tient en suspens les destinées
du monde? A quelle influence doit-elle la place qu'elle
a conquise à la tête des nations? Quel est le principal
motif de force, et en même temps de sécurité, pour le
gouvernement impérial acclamé par l'unanimité des
vœux et des suffrages populaires? La réponse à ces

questions se trouve pour une grande part dans ce seul fait : de nos jours plus que jamais, l'instruction a été mise à la portée de toutes les classes. Le niveau de l'intelligence populaire s'est sensiblement élevé. En même temps les esprits, attirés vers des idées et des aptitudes nouvelles, ont acquis des qualités viriles qui jadis leur faisaient défaut ; au lieu de céder à des entraînements irréfléchis, souvent captieux, l'opinion publique a pu se guider d'après les règles que lui traçaient la prudence et la vérité ; des préjugés séculaires ont été combattus et mis à néant ; et, tandis que la lumière entrait ainsi à grands flots dans les consciences, de ce rayonnement merveilleux surgissait une ère inattendue d'apaisement et de grandeur qui faisait oublier jusqu'au souvenir des luttes du passé. Voilà pourquoi la civilisation a si manifestement progressé ; pourquoi, tous les jours, elle marque en France de ses indestructibles empreintes les glorieuses conquêtes de la science, de l'art, de l'industrie.

Le pouvoir s'est donc créé des titres incontestables à la gratitude publique, en favorisant la diffusion de l'instruction. Nous ne rappellerons pas ici les nombreux actes dus à son initiative ; qu'il nous suffise de constater un résultat matériel : grâce aux facilités de toute nature qui ont été offertes aux familles, le chiffre des élèves qui fréquentent les écoles s'est considérablement accru durant la période des vingt dernières années (1).

(1) En 1840, on ne comptait en France que 2 millions 881,679 enfants fréquentant les écoles ; en 1850, ce nombre s'élevait à 3 millions 382, 423 ; il est aujourd'hui de 4 millions 16, 923. — Rapport de M. Busson sur le budget général de 1862.

Seulement, — et c'est à regret que nous sommes forcé de le dire, — cette amélioration n'a point profité aux campagnes autant qu'il eût été désirable : là, il a été infiniment plus difficile de vaincre les habitudes d'indifférence, d'incurie, restes déplorables, d'ailleurs, d'un système d'obscurantisme dont les dernières traditions n'ont pas encore disparu. Les écoles de village n'ont pas été assidûment suivies. Aussi est-ce dans les localités rurales qu'une instruction suffisante a le moins pénétré. Or, nous avons vu combien est pernicieuse l'instruction, quand elle est incomplète ou mal dirigée ; nous l'avons dénoncée comme l'une des causes les plus graves de la propension, devenue trop générale, des campagnards à abandonner la culture du sol.

Il nous semble impossible de nier que, dans les campagnes, l'instruction des enfants soit trop négligée : le côté par où elle pèche surtout, c'est qu'elle n'est point entièrement appropriée, par les soins des maîtres chargés de la distribuer, à la destination future de ceux qui la reçoivent. Aux termes de l'art. 23 de la loi du 15 mars 1850, « l'enseignement primaire *comprend* :
» l'instruction morale et religieuse ; la lecture, l'écri-
» ture, les éléments de la langue française ; le calcul
» et le système légal des poids et mesures. — Il *peut*
» *comprendre*, en outre : l'arithmétique appliquée aux
» opérations pratiques ; les éléments de l'histoire et de
» la géographie ; des notions des sciences physiques
» et de l'histoire naturelle, applicables aux usages de
» la vie ; des instructions élémentaires sur l'agricul-
» ture, l'industrie et l'hygiène ; l'arpentage, le nivelle-
» ment, le dessin linéaire ; le chant et la gymnastique. »

Ce programme est large, trop large peut-être — au
gré de certains esprits timorés — pour des enfants qui
doivent plus tard circonscrire leur ambition aux durs
labeurs de la terre. Eh bien ! pour notre compte, nous
sommes loin de partager cette pensée : nous avons une
entière foi dans l'efficacité de l'instruction, si elle était
plus convenablement dirigée. Aussi, serions-nous disposé à déplorer — plutôt qu'un excès — une insuffisance
trop réelle dans l'exécution de l'article de loi dont précède la citation textuelle. Le mal se trouve en ce que,
dans la pratique, on prend trop cet article au pied de la
lettre. Il contient des dispositions de deux sortes : les
unes, les premières, sont formelles, absolues; impossible
de les éluder. Instruction morale et religieuse, lecture,
écriture, grammaire, arithmétique et système métrique,
— voilà ce qui est enseigné dans les écoles primaires
rurales. Quant aux dernières dispositions, elles sont
facultatives; aussi, pour le plus grand nombre du moins,
les instituteurs s'abstiennent-ils totalement de dépasser
la limite des matières dont la connaissance est exigée
d'eux d'une manière impérieuse. De là une importante
lacune dans l'instruction donnée à l'enfant de la campagne. Que sait-il, cet enfant, lorsqu'arrivé à l'âge de
treize ou quatorze ans, il quitte les bancs de l'école,
pour commencer le pénible apprentissage de la bêche
et de la charrue? Rien de cette vie nouvelle dans
laquelle il aura, cependant, à faire sa trouée, à se créer
une place. Faut-il s'étonner s'il la trouve peu à son
goût, et s'il la déserte bientôt? Ce qu'il a appris,
jusque là, ne lui a point démontré la nécessité, l'intérêt,
le mérite qu'il y aurait, pour lui, d'accepter dans la

société une condition pleine de fatigues et de sacrifices, lorsque, de toutes parts, il voit d'autres hommes en des situations plus favorables et moins assujettissantes. Quelles habitudes, au reste, n'a-t-il pas contractées à l'école même ? De la bouche du maître, comme des livres, quels principes a-t-il reçus ? Maintenu, pendant toute la durée de la classe, dans une sorte d'immobilité paresseuse, son esprit et son cœur ont à peu près toujours été tendus vers des idées étrangères à la vie des champs ; de confuses perceptions, des aspirations vagues et rêveuses sont quelquefois arrivées jusqu'à son âme, et lui ont fait entrevoir, comme au travers d'un prisme, un avenir tout aussi calme et insoucieux que le présent. Quelle déception, lorsque ses yeux se dessillent et que cessent ces illusions trompeuses ! L'application stricte de la loi remédierait à ces inconvénients. Il y aurait plus de variété dans les occupations des élèves ruraux, plus d'activité corporelle surtout ; et leur esprit serait tout naturellement tourné vers les théories et les pratiques de l'agriculture, qu'ils s'accoutumeraient de bonne heure à apprécier et à aimer.

Il n'y a donc, à la rigueur, — pour provoquer, par l'instruction, un arrêt au mouvement de dépopulation que l'instruction favorise, — à demander d'autre secours que celui même de la loi. Il ne s'agit que d'une simple amélioration dans le mode d'exécution. Que le programme des écoles primaires soit appliqué de tous points, au lieu de ne l'être que partiellement et imparfaitement : tous les intérêts seront dès lors satisfaits.

Mais, si l'opportunité de l'enseignement primaire

dans les conditions légales actuelles est ainsi démontrée, en tant qu'il ne devrait y être apporté aucune restriction, ce n'est pas à dire que là s'arrête toute solution de la question qui nous occupe. Peut-être serait-il utile d'aller plus loin.

En effet, ne semble-t-il pas que le programme de 1850 — en raison, bien entendu, de ses rapports avec les intérêts agricoles — pourrait être mieux harmonisé avec les besoins de notre époque, et ceux mêmes des élèves des écoles rurales? Ne semble-t-il pas, tout au moins, qu'il y aurait lieu de déterminer, avec une entière précision, les connaissances, spéciales ou étrangères à l'agriculture, qu'il serait, dans tous les cas, indispensable à ces élèves d'acquérir ? S'il nous était loisible d'exprimer humblement à cet égard notre opinion personnelle, nous conclurions à ce que, dans la première énumération de l'art. 23 de la loi, fussent nommément comprises, à titre *obligatoire*, les notions suivantes, savoir :

1° *Éléments de géologie, de physique, de chimie, de botanique, d'histoire naturelle, considérés exclusivement dans leurs applications aux besoins agricoles.* — Ces connaissances, on l'avouera, sont d'une utilité de tous les jours dans l'agriculture. La lenteur qui se remarque dans le développement de la production foncière vient, le plus souvent, de ce que les ouvriers ruraux ignorent absolument les influences bonnes ou mauvaises qui ont leur source dans les diverses qualités du sol, dans tels accidents atmosphériques, dans les exigences de certaines cultures, etc.

2° *Pratique de l'outillage agricole.* — La nécessité de

l'enseignement *pratique* de l'agriculture et de l'horticulture, comme complément de l'instruction des écoles primaires, a été hautement proclamée par le gouvernement impérial (1). L'usage de l'*outillage* ne serait pas moins précieux : une grande importance, selon nous, devrait être attachée à ce que, non-seulement sur des terrains dépendants des écoles, mais encore au dehors, en visitant soit des fermes, soit de grandes exploitations, les élèves fussent mis en mesure de se familiariser avec les nombreux instruments ou machines perfectionnés que comporte le travail de la terre.

3° *Principes d'hygiène et d'économie domestique.* — La vulgarisation de ces principes dans les écoles primaires serait d'autant plus justifiée que, même de nos jours, la presque totalité des maisons rurales, celles du moins qu'habitent les travailleurs agricoles, laissent à désirer sous le rapport de la commodité, du bien-être, de la salubrité, et que, d'autre part, les idées les plus simples d'économie rurale sont à peu près généralement ignorées dans le ménage du paysan. Les habitudes contractées sont profondément enracinées ; quelque nuisibles qu'elles soient, il ne faut point songer à les modifier par la génération actuelle : le progrès, sur ce double point, ne pourra être espéré que lorsqu'une nouvelle génération, assez intelligente pour

(1) Une circulaire ministérielle du 18 avril 1855, en exprimant la volonté de S. M. l'Empereur de généraliser l'enseignement pratique de l'agriculture et de l'horticulture dans les écoles rurales, citait de nombreuses expériences, toutes favorables à la réalisation de cette idée.

renier définitivement la routine, sera imbue de sains
principes et voudra énergiquement s'y conformer.

4° *Droits et devoirs de l'individu et du citoyen dans ses
rapports avec la société et l'État.* — Nos institutions assignent à l'habitant des campagnes un rôle social et
politique qu'il est trop souvent inhabile à remplir.
C'est seulement de l'instruction primaire que les travailleurs agricoles nous paraîtraient devoir attendre
leur initiation progressive à leurs droits, à leurs devoirs : il serait dans l'intérêt général et public, selon
nous, que les lumières leur vinssent de bonne heure,
et par ceux-là mêmes qui ont charge d'éclairer leurs
premiers pas dans la vie sociale.

Mais ce qu'il faudrait surtout, pour couronner cet
enseignement particulier au personnel rural, c'est que
les élèves des écoles primaires appelés, par leur position, à demeurer dans les champs fussent, dès leur
plus bas âge, accoutumés — non pas, comme aujour-
d'hui, à mépriser la profession agricole — mais à envisager leur carrière à venir comme étant la plus noble,
la plus nécessaire, celle qui, en somme, réserve à ceux
qui s'y dévouent le plus de véritables jouissances et de
tranquillité. Il faudrait aussi qu'ils fussent de longue
main préparés à se rendre compte des sources de bien-
être, de sécurité, de bonheur que leur tiendrait en
réserve le travail fécondé par la prévoyance, l'ordre
et les bonnes mœurs.

Que si l'État reconnaissait qu'il existe des difficultés
à revenir sur la loi de 1850, les propriétaires eux-
mêmes ne pourraient-ils pourvoir à combler les lacunes
signalées? Qui ignore le bien immense réalisé, à Paris,

parmi les classes laborieuses, par les *associations philo-
mathique, polytechnique et philotechnique* (1) ? Dans les
réunions de ces associations, les notabilités de la science
et de l'art ne dédaignent pas de descendre, chacune à
son tour, au rôle de professeurs des humbles travailleurs
qui accourent à leurs leçons. Il n'y a pas, en France,
une seule commune où ne se trouvent un ou plusieurs
propriétaires aptes, dans une mesure plus modeste, à
inculquer à des enfants de cultivateurs, voire même
à des adultes, les principes rudimentaires des connaissances que nous avons indiquées.

La participation des propriétaires à l'œuvre de propagation de l'instruction agricole est donc possible. Le
bien est aisé à accomplir partout; pour qu'il produise
tous ses effets, il faut seulement qu'il soit tenté avec
zèle, discernement, et continué sans découragement,
sans défaillance. Ici, d'ailleurs, les moyens d'action
seraient fort simples; ils pourraient être demandés à
l'association, par l'établissement de conférences communales. Ainsi, plusieurs propriétaires d'une ou même
de deux ou trois communes, après s'être concertés
entre eux, et s'être pourvus, pour prévenir tout conflit,
non pas seulement de l'agrément, mais plutôt de la
promesse d'*assistance* du maire et du curé, formeraient
pour ainsi dire le *professorat* des conférences organisées.
Une certaine publicité serait donnée d'avance à ces

(1) Des associations de ce genre ont existé dans d'autres villes
(à Lyon, Bordeaux, Nantes, etc.); leur but est la vulgarisation
des principes des arts et des sciences dans leurs rapports avec
l'industrie. Nous ne doutons pas qu'il ne pût s'en former, dans
les campagnes, en vue de l'enseignement exclusif des éléments
des sciences appliqués à l'agriculture.

réunions; elles pourraient être fixées, par exemple,
au dimanche, une fois par mois, ou par quinzaine,
selon les convenances des conférenciers. Les propriétaires qui ne se croiraient point en état de prendre part
aux discussions y seraient présents néanmoins, afin
de contribuer, par l'exemple après les conseils, à déterminer autour d'eux les enfants et les adultes, les
cultivateurs et les ouvriers à aller puiser, dans ces
assemblées, des enseignements qui leur seraient profitables, et au devant desquels bientôt ils iraient avec
plaisir et empressement.

Aucune appréhension, pensons-nous, ne pourrait
être soulevée à l'endroit de pareilles conférences. Il n'y
aurait point à craindre qu'elles dégénérassent en abus :
toute intention nuisible, par cela même qu'elle subirait
le contrôle d'une inévitable publicité, se trouverait forcément paralysée; le concours et la présence même des
autorités religieuse et civile seraient un frein assez
puissant.

Il ne serait pas de trop, enfin, pour la jeunesse rurale,
qu'elle pût développer son éducation professionnelle,
en apprenant les premiers éléments des divers métiers
manuels qui se rattachent aux divers intérêts agricoles.
Selon nous, il ne devrait pas y avoir une seule ferme,
une seule propriété qui n'eût sa forge, son établi de
menuiserie, de charpenterie, son atelier de charron-
nage. Dès maintenant, sur beaucoup d'exploitations,
on trouve des ouvriers en état de réparer une charrette
agricole, une charrue, d'approprier les outils aratoires;
sur d'autres points, quelques-uns savent même, quand
il y a nécessité, se livrer à des ouvrages d'intérieur qui

dispensent de s'adresser à des ouvriers spéciaux dont la résidence est plus ou moins éloignée. Il y a, de la sorte, économie de temps, car il n'est pas besoin d'attendre ; et — on le sait — le temps vaut partout et toujours de l'argent. Et puis quand la saison empêche le laboureur d'aller aux champs, il peut tirer parti de ses loisirs, en se rendant plus utile. Qu'on ne redoute pas, du reste, de l'inhabileté de sa part : il acquerrait rapidement et facilement une certaine aptitude. Il est naturellement propre à tous les travaux d'imitation qui touchent de près à sa profession (1).

Insisterons-nous sur les changements heureux que la mise en pratique de ces systèmes d'instruction et d'éducation professionnelle, pour les classes laborieuses des campagnes, ne pourrait manquer d'amener à bref délai ? Non. Nous sommes habitués, par le pouvoir, à d'assez nombreux témoignages de bon vouloir à l'égard de tous les intérêts publics, et en particulier

(1) Cette affirmation est le résultat d'observations personnelles. Nous avons vu de près la campagne, et en des contrées différentes : souvent nous avons remarqué la facilité, l'intelligence avec lesquelles les ouvriers agricoles, sans apprentissage et parfois avec l'outillage le plus incomplet, parvenaient à imiter des objets dont ils avaient l'habitude de se servir pour leurs travaux journaliers. Nous connaissons, dans l'Armagnac, une exploitation d'environ soixante hectares, où il n'est fait usage que d'instruments fabriqués, sauf les types, par un simple bouvier. En Provence, nous étions émerveillé, il y aura bientôt vingt ans, de l'adresse déployée par un domestique de ferme, dans la confection d'une infinité d'outils ou d'objets usuels ; il n'était pas jusqu'aux chapeaux de paille qu'il ne réussît avec une perfection à désespérer un fabricant émérite : il lui suffisait d'avoir un modèle. Ces exemples, dont nous ne mentionnons que les plus frappants, ne sont pas rares. Ils deviendraient bien plus nombreux, si l'on encourageait les ouvriers ruraux à persévérer dans cette voie.

de ceux qui touchent à l'agriculture et à l'instruction
primaire, pour être fondés à penser que, s'il en est réellement besoin, son concours ne fera point défaut à cette
question ; d'un autre côté, nous devons compter, de
la part des propriétaires, sur une intelligence assez
complète de leurs propres intérêts. Nous ne pouvons
donc que désirer une prompte expérience ; elle serait,
nous l'espérons, décisive.

Voilà pour les hommes. Mais les femmes que leur
sort tient attachées à l'agriculture, qui s'en occupera ?
Leur rôle cependant, dans la vie des champs, n'est point
dépourvu d'importance. A la femme, tous les soins du
ménage : c'est elle qui fait la première éducation des
enfants, elle qui est chargée des malades ; elle demeure
à la maison lorsque tout le reste de la famille est au
travail au dehors ; les soucis de l'alimentation, les
nécessités intérieures, la propreté, la bonne tenue du
logis, la surveillance et la direction de la basse-cour
sont de sa compétence. Sans doute, sous l'œil mater-
nel, la jeune fille qui a quitté l'école s'initie peu à peu
à ces mille détails de ménage ; mais elle procède plutôt
routinièrement que par la mise en jeu de ses facultés
intelligentes : elle copie servilement et ne fait que ce
qu'elle voit faire tous les jours.

N'y aurait-il pas à attendre mieux de l'intervention
discrète, prudente, mais affectueuse et protectrice,
des femmes des propriétaires dans les petits ménages
ruraux ? Celles-ci ont reçu, quand elles doivent rési-
der à la campagne, ce qu'on est convenu d'appeler
l'éducation de famille ; elles connaissent généralement

tous les détails intérieurs qui incombent à la population féminine. Est-ce qu'elles ne pourraient pas, animées de ce sentiment de maternelle sollicitude qui se trouve naturellement au cœur de toutes les femmes, former aussi entre elles des associations, pour se partager l'éducation des petites filles de leur voisinage, en ce qui se rapporte à l'instruction élémentaire comme aux travaux de ménage proprement dits, à savoir : la couture, la préparation des aliments, les soins à donner à des malades, etc. ? Nous avons déjà, dans bon nombre de communes rurales, des dames riches, heureuses, recherchées du monde, mais entourées de la considération et de la reconnaissance publiques, qui se font, par une admirable abnégation, en quelque sorte les *volontaires* de la charité ; qui, du sein de l'opulence, n'hésitent pas à apporter aux malheureux, avec la consolation de leurs paroles et de leur présence, des secours efficaces et délicatement offerts. La mission qu'elles s'attribueraient en accordant leur protection à l'enfance ne serait pas moins méritoire. L'idée que nous émettons nous paraît contenir en germe de bienfaisants résultats ; nous l'indiquons comme le complément naturel de nos observations sur les conférences communales.

Il ne faut pas se le dissimuler, au surplus : la nature de l'instruction et de l'éducation qui devraient être répandues, dans les campagnes, au profit soit des femmes, soit des hommes appartenant à la classe travailleuse, n'est pas chose indifférente, même en dehors des nécessités agricoles ; bien loin de là. L'intervention des propriétaires, par la voie des conférences que nous proposons, ou par tout autre moyen pratique, mais dans tous les cas avec cet esprit de bienveillance et de confraternité sans lequel échoueraient inévitablement tous les essais, — l'intervention des propriétaires est un levier dont il est difficile d'assigner le degré réel de puissance. Employée à la diffusion de l'instruction, elle favoriserait singulièrement — entre autres conséquences immédiates — le rapprochement, si désirable, des riches et des pauvres; elle ferait disparaître cet antagonisme fâcheux, peu apparent sans doute, mais pour cela ni moins certain ni moins vif, qui sépare les uns et les autres par la divergence même des intérêts.

A notre sens, du reste, les propriétaires atteindraient bien plus sûrement leur but, en aidant, par des dons volontaires, à la création, au chef-lieu de chaque commune, de bibliothèques soigneusement composées (1). On pourrait aussi, pour la fondation de ces précieux établissements, former des associations particulières. Les livres resteraient déposés dans une salle de la mairie, ou à l'école primaire, confiés à la garde de l'instituteur, qui les tiendrait constamment à la disposi-

(1) Naturellement, les ouvrages dont seraient dotées ces bibliothèques devraient toujours être, par leurs sujets, en harmonie avec les résultats recherchés. La littérature légère n'en saurait être trop sévèrement bannie. Nos grands auteurs classiques et les chefs-d'œuvre contemporains s'inspirant d'une austère morale ; des traités méthodiques, clairs et précis des sciences ayant des rapports directs avec l'agriculture ou la vie des champs, — économie politique ou rurale, hygiène etc. ; — enfin, des collections de journaux s'occupant exclusivement de *pratique* agricole, — tels, selon nous, seraient les livres qu'il conviendrait de voir trouver place dans les bibliothèques communales.

tion des familles. Ils seraient prêtés, ou à titre purement gratuit, ou moyennant un abonnement fixé à un taux toujours très minime, — par exemple, *vingt* ou *dix centimes* par mois. Le système de l'abonnement nous paraîtrait préférable. Il est à croire que le goût de la lecture se propagerait rapidement. Le nombre des volumes serait augmenté peu à peu, en consacrant à de nouveaux achats le produit des abonnements ; en quelques années, le dépôt pourrait être assez riche pour répondre à tous les besoins, et faire beaucoup de bien, en influant, d'une manière sensible, sur le développement de l'intelligence publique.

De la sorte se trouverait résolue une question depuis longtemps posée. En 1850, une société de bienfaisance s'organisait, à Paris, pour fonder des bibliothèques communales gratuites, et l'administration la recommandait à l'intérêt des fonctionnaires municipaux. Depuis, le département de l'instruction publique et des cultes a fréquemment et vivementt appuyé la réalisation d'un projet semblable, en favorisant par ses subventions les dépôts de livres dans les écoles primaires. Le succès de ces recommandations et de ces encouragements a été néanmoins lent à se produire ; il existe encore bien peu de localités rurales qui possèdent une bibliothèque. Il en est ainsi de toutes les innovations profitables au bien général ; lors même qu'elles seront d'abord comprises, elles ne sont accueillies qu'avec indifférence ; leur adoption est l'œuvre du temps.

Et, cependant, si quelque chose pouvait diminuer, aux yeux des habitants de la campagne, ce qu'a de pénible et de rebutant le travail de la terre, ne serait-ce pas sa participation à une vie intellectuelle qui, jusqu'à ce jour, lui est demeurée tout à fait inconnue ? Combien de livres dont la lecture à haute voix, le dimanche soir après vêpres, ou durant les longues veillées d'hiver, ranimerait ces intelligences assoupies ! Quel attrait, pour elles, dans un récit moral ou instructif, dans une leçon d'agriculture empruntée à un recueil spécial, même à un journal scientifique ! Bien souvent, on verrait luire, dans un regard attentif, le reflet de sentiments profonds que l'ignorance avait jusque là empêchés de se révéler. L'homme s'élèverait et s'ennoblirait à ses yeux mêmes.

La haute utilité des bibliothèques communales ne saurait donc être plus longtemps méconnue ; dans les petites localités, elle compléterait, on ne peut plus opportunément, l'effet moralisateur que nous attendons des conférences pour la propagation de l'instruction dans les campagnes.

Le paysan, par faiblesse et par instinct, est trop souvent défiant, soupçonneux. Il ne croit pas toujours à la bonne foi, ou n'y croit qu'avec bien des réticences. En matière d'affaires, de transactions, il finasse ; s'il le peut, il trompe, sans que sa conscience en soit trop émue. Il se croit obligé, dans un but de défensive, de dissimuler sa véritable position, de se montrer plus petit qu'il n'est. Du reste, il se fera d'autant moins faute d'user avec vous de ruse, de finesse, que vous serez un *monsieur* ou un bourgeois. Si vous ne travaillez pas comme lui la terre, si surtout vous n'habitez pas la campagne, vous n'êtes pas de la même classe; vous n'appartenez pas aux mêmes dieux. A ses yeux, vous devez être son ennemi quand même; il vous le rend bien. — Faut-il accuser l'homme des champs de sacrifier ainsi à des préjugés qui l'isolent de la civilisation du siècle ? Non. Si quelquefois il est tel que nous venons de le dépeindre, — car fort heureusement notre portrait ne s'applique pas à toutes les fractions de la population rurale, — c'est par la force même des choses. En général, le paysan se croit dédaigné, méconnu. Il sent trop son infériorité. Il lui semble qu'il est victime d'une injustice, et cette pensée fausse ses instincts, ses croyances, ses sentiments. S'il est jaloux de ceux qu'il considère comme étant mieux partagés que lui, c'est simplement et uniquement par ignorance. Plus éclairé, il comprendrait toute l'importance du rôle qu'il remplit dans la société, il ne se laisserait point aller à l'envie; — en un mot, il apprécierait mieux sa condition, et il serait meilleur.

L'instruction — on ne le saurait jamais trop répéter — grandit, polit et moralise. Elle donne le discernement, la notion du bien et du mal. La délicatesse des sentiments, comme celle du langage, est incompatible avec un esprit sans culture. Instruisez les masses populaires des campagnes; en étendant les horizons de leur intelligence, vous accroîtrez en elles le sentiment de leur dignité; en les intéressant à l'exercice de leurs devoirs sociaux, vous les émanciperez; en les rendant plus heureuses, vous assurerez, par le travail, le développement dans une progression normale de tous les éléments de la richesse publique, et

— redisons-le après bien d'autres — vous fermerez les portes des hôpitaux et des prisons (1).

Nous venons de dire que l'instruction, par sa seule influence, est capable de grandes transformations. Néanmoins, il ne s'ensuit pas que la tâche des propriétaires ne doive pas aller au delà. D'autres questions, non moins graves, sollicitent au même titre leur active coopération. L'une de celles qui s'imposent le plus impérieusement à leurs préoccupations, c'est celle de la moralité publique.

Reconnaissons-le tout d'abord : quoi qu'en disent certains esprits, contempteurs de toute vérité contraire

(1) On connaît la répugnance qu'ont généralement pour les hôpitaux les personnes instruites et bien élevées. Ce sentiment tient à des questions de délicatesse infiniment moins accessibles aux gens sans éducation et sans instruction.

Quant aux prisons, il n'est malheureusement que trop constaté que le personnel s'en recrute particulièrement parmi les individus peu instruits. Voici, à ce sujet, des rapprochements empruntés à une publication officielle :

	1855.	1856.	1857.	1858.	1859.
Nombre total des accusés jugés contradictoirement. . . .	6,490	6,124	5,773	5,371	4,992
Complétement illettrés.	2,808	2,698	2,529	2,365	2,192
Sachant lire seulement ou lire et écrire imparfaitement. . . .	2,486	2,332	2,216	2,081	2,031
Sachant bien lire et écrire. . . .	880	748	706	680	521
Ayant reçu un degré d'instruction supérieure. . . .	306	346	322	240	308

(*Compte général de l'administration de la justice criminelle en France, pendant l'année 1859.*)

Les statistiques des prisons et établissements pénitentiaires donnent lieu de relever des résultats analogues : voir le rapport de S. Exc. M. le comte de Persigny pour l'année 1859 (pages 46 et 17, fin du tableau XII).

à leurs vues, notre époque n'est point essentiellement, irremédiablement viciée. La morale, Dieu merci, a encore de nombreux et fervents adeptes. La civilisation a épuré les mœurs. Si, parfois, des actes de corruption et même de grands forfaits s'accomplissent, il n'est juste d'en imputer la faute qu'à la faiblesse et à l'imperfection de l'organisme humain. Ce sont là d'inévitables exceptions. Les institutions ni les formes sociales n'y peuvent rien. Ce qu'il y a de consolant, c'est que les crimes et les délits justiciables des tribunaux diminuent sensiblement d'année en année ; seulement et comme justification de nos affirmations antérieures, force nous est de convenir que si, partout, la réduction est toujours progressive, la part la plus grande cependant, dans l'agroupement des faits juridiques constatés, continue d'appartenir aux localités rurales(1).

Il y a donc beaucoup à faire, dans les campagnes,

(1) L'atténuation du chiffre des crimes et délits suit une marche à peu près ininterrompue, surtout depuis 1850. Le tableau ci-après comprenant, comme celui de la note précédente, cinq des dernières années, permettra d'en apprécier les proportions, en même temps qu'il présentera les nombres respectivement afférents aux populations urbaines et rurales :

	1855.	1856.	1857.	1858.	1859.
Nombre total des accusés jugés contradictoirement.....	6,480	6,124	5,773	5,375	4,992
Domicile. Habitants des communes rurales...	3,546	3,307	3,103	3,074	2,749
— — urbaines..	2,571	2,519	2,383	1,994	1,975
Sans domicile fixe............	363	298	287	307	268

(*Compte général de l'administration de la justice criminelle en France — Année* 1859.)

Pour compléter nos preuves, nous ajouterons que la répartition des 22,419 condamnés détenus pendant l'année 1859, dans pour affaiblir encore les causes d'immoralité ; des abus dérivant de la civilisation même — car les meilleures choses ne sont pas toujours sainement entendues, et ne laissent pas alors que d'entraîner des inconvénients — des abus existent, qui pourraient disparaître s'ils étaient combattus par les armes de la droiture et de la raison.

La mauvaise foi — nous l'avons vu — est aussi fréquente parmi les populations rurales que parmi celles des cités. Les motifs, nous les avons déjà indiqués : méfiance et sentiment d'infériorité de la part du paysan, et, pour le propriétaire, insouciance ou dédain des positions qu'il domine. Il résulte de là des froissements continuels, pour les gens appartenant aux classes laborieuses. Il n'en serait point de même si chacun, comprenant ses véritables intérêts, s'efforçait de montrer, dans les rapports sociaux, cette urbanité bienveillante et empreinte de franchise qui devrait, en un temps de lumières comme celui où nous sommes, être la règle, la loi universelle. Serait-il donc si difficile de faire entrer dans les habitudes usuelles les pratiques d'une confiance et d'une estime réciproques ? Nous nous refusons à le croire. En tous cas, il nous paraît hors de doute que les propriétaires faisant le premier pas dans la voie d'un rapprochement amical et sincère, et sachant, à l'occasion, prendre hautement en mains la défense et les

les maisons centrales de force et de correction, donnait les résultats suivants :

    8,080 appartenaient aux populations des villes ;
    14,339   ——   à celles des campagnes.

(Statistique des prisons et établissements pénitentiaires.—Année 1859.)

intérêts du paysan travailleur, celui-ci ne tiendrait pas longtemps rigueur. Des changements profonds se produiraient dans sa manière d'agir et d'être. Gagné par la facilité des relations, par une reconnaissance toute naturelle, il verrait l'inutilité de conserver une attitude défiante, devenue sans raison. Il ne tarderait pas à estimer les autres, en apprenant à s'estimer lui-même. On comprend combien, à cette réciprocité de bons procédés, perdraient en même temps et la duplicité et les mauvais instincts qui poussent aux délits ou aux crimes. La moralité publique en retirerait les plus précieux avantages. L'homme des champs, en devenant meilleur, n'aurait plus de motifs de ne croire à rien ; et peut-être aussi le calme et la confiance qui naîtraient dans son esprit, à la suite de cette rénovation de sentiments, le ramèneraient-ils à élever sa pensée au delà des régions purement terrestres.

Car l'indifférence religieuse — il est impossible de le cacher — est une des plaies de notre temps. Elle ne s'est point renfermée dans les villes ; elle poursuit plus loin ses manifestes envahissements. Les campagnes n'y ont point échappé. A l'heure qu'il est, le mal a fait de déplorables progrès ; les habitants des localités rurales n'occupent déjà qu'une place trop large dans le nécrologe du suicide (1) ; il n'est pas besoin d'autres preuves. L'indifférence, en matière de

---

(1) Il est constaté que, sur 3,899 suicidés pendant l'année 1859 (3,057 hommes et 842 femmes), le nombre des *cultivateurs, laboureurs, journaliers* ou *bergers* n'a pas été moindre de 1,485 — (1,180 hommes et 305 femmes). — (*Compte général de l'administration de la justice criminelle en France. —* Année 1859.)

religion, est une grave cause d'affaissement moral.
Il faut à toute créature humaine une croyance où elle
puisse retremper son courage dans les moments d'é-
preuves, et trouver de suprêmes consolations aux
heures de l'infortune et de la douleur. Si la foi en de
futures destinées doit exercer une bienfaisante influence, c'est surtout sur les hommes voués au travail
agricole. Ils ont tous les jours devant les yeux les
magnifiques splendeurs de la nature, — ce livre merveilleux où se révèlent perpétuellement Dieu, l'infini,
toutes les sublimités de la création, les lois mysté-
rieuses d'harmonie et d'amour auxquelles est soumise
l'humanité. Au milieu de tant de preuves de puissance,
comment le cœur pourrait-il demeurer fermé, et l'esprit se refuser à croire? La religion est un sommet d'où
il est permis de défier les orages. Qu'on ne s'y trompe
pas, d'ailleurs : la franchise, l'honneur, le respect de
soi et des autres, la force, la vigueur, la santé sont
les attributs des races campagnardes, quand elles ne
sont pas abâtardies par les vices des cités. Les populations rurales sont encore celles où, selon une parole
auguste, se recrute l'armée « le plus pur sang de la
France (1). » Il est temps d'empêcher qu'elles se
corrompent moralement et physiquement, en les sous-
trayant aux atteintes de ces effluves impurs qui
surgissent des grandes agglomérations et menacent
d'étendre au delà leurs ravages. Pour cela, l'exemple
est le plus actif des moyens. Les propriétaires n'y

(1) Napoléon III. — Lettre à M. le comte de Persigny. — Juillet
1860.

sauraient mettre ni trop de dévouement ni trop de prudence. La moralisation des masses par la religion est, de toutes les missions qu'ils devraient s'attacher à remplir, la plus délicate : espérons qu'ils n'y failliront pas.

Au nombre des améliorations à tenter au profit des classes agricoles, et qui, en influant sur leurs mœurs et leur bien-être, les arrêteraient souvent sur la pente de la désertion, citons aussi les distractions qui pourraient leur être ménagées.

Privé de toutes les satisfactions, de toutes les jouissances dont l'habitant des villes est sans cesse entouré, l'homme des champs n'a qu'une alternative : ou le travail, ou l'ennui. L'inoccupation, le désœuvrement, pour lui, ne peuvent être qu'une occasion de désordres. Son foyer, quand il en a un, n'est pas toujours un attrait suffisant. Où ira-t-il se récréer en dehors de sa famille, isolé comme il l'est, la plupart du temps, et abandonné, sans frein aucun, à ses propres inspirations? Il a des camarades plus ou moins expérimentés dans les choses de la vie ; il les accepte pour Mentors. S'assure-t-il d'avance de leurs titres à lui servir de guides? Hélas! trop fréquemment, ils n'en sauraient invoquer d'autres que ceux d'une dépravation prématurée. Qu'importe? Il suit sans résistance les impulsions qui lui sont données par eux. Il est mené une fois par circonstance au café, à l'auberge, au cabaret ; il y revient bientôt. Peu à peu, il en contracte l'habitude. De cette habitude à l'excès, la distance n'est pas grande ; qui peut dire jusqu'où le conduira ce chemin.

où il s'est imprudemment aventuré? La chance moindre qu'il coure, c'est de savoir s'arrêter assez tôt. Les maisons de jeu — nous n'irons pas plus loin dans la recherche des mauvais lieux qui exerceront sur lui une attraction fatale — les tripots clandestins, beaucoup moins rares qu'on ne pense dans les campagnes, l'appellent à se procurer, en exposant le peu d'argent qu'il pourra avoir gagné, des ressources plus grandes, nécessaires pour satisfaire ses nouveaux goûts, ses nouvelles passions. — Ne voit-on pas déjà son avenir compromis? Car on sait ce que produisent, chez les hommes de toutes les classes, ces nuisibles inclinations. La débauche et la paresse en sont communément les premiers fruits.

L'ouvrier agricole, le jeune homme surtout, serait susceptible d'être captivé par des distractions plus honnêtes, plus profitables à son aptitude, à son bien-être, à sa santé. Le champ ici est vaste et laisse toute liberté au choix. Les propriétaires n'auraient qu'à vouloir ; il n'y aurait pour eux ni souci, ni peine. Ne serait-il pas bien facile, en effet, d'établir, dans toutes les communes, des jeux publics, où s'exerceraient à la fois les forces et l'adresse des jeunes gens? Il ne faudrait pour cela qu'une association de quelques personnes. Un premier fonds serait constitué. Une partie en serait consacrée à l'achat des instruments de jeu les plus usités dans le pays, ou que l'on jugerait à propos d'y introduire. La seconde part de ce fonds serait réservée pour exciter l'émulation, en distribuant des prix à ceux des joueurs qui, durant une période déterminée, se seraient fait remarquer par leur assiduité et leur habileté acquise. Le gymnase, les quilles, les boules, la paume, la raquette, le bouchon, par exemple, —tous jeux qui exigent un certain exercice musculaire (1), — devraient avoir la préférence, à l'exclusion, bien entendu, de ceux dont les combinaisons dépendent du hasard. Tout enjeu d'argent serait défendu. On reconnaîtra, avec nous, tout le bien qui découlerait de l'existence de pareils moyens d'amusement. La science, aujourd'hui, ne conteste nullement les ressources, d'ailleurs indéniables, que trouve dans les jeux l'emploi de l'adresse et de la force physique ; elle les proclame, au contraire, l'un des plus sûrs auxiliaires au perfectionnement matériel des formes du corps humain. Ce mode de récréation que nous désirerions voir se généraliser est donc essentiellement lié, non-seulement à l'intérêt agricole, en cela qu'il contribuerait efficacement à retenir les travailleurs, — non-seulement encore à l'intérêt moralisateur, puisqu'il les empêcherait de céder à de funestes incitations, mais aussi, et surtout, à l'intérêt du maintien ou plutôt du développement des qualités physiques propres au campagnard français, le plus vaillant et le meilleur soldat du monde.

(1) On serait peut-être tenté d'objecter que ces jeux, destinés à des personnes qui prennent tous les jours une grande fatigue, seraient peu recherchés. Nous croyons devoir répondre qu'au contraire ils seraient considérés comme un très agréable délassement. Nous pourrions citer un de nos amis, propriétaire intelligent et riche, qui en a fait l'épreuve ; il s'en est parfaitement trouvé. Les hommes jeunes employés sur son exploitation sont les meilleurs ouvriers de la contrée. Ils ont perdu, à l'habitude des distractions que nous recommandons, cette roideur, cette rigidité de corps si commune aux gens de la campagne, et qui semble provenir de la spécialité du travail agricole.

Il est un élément de jouissances non moins attrayantes, également compatibles avec l'amélioration des mœurs et qui, en épurant l'intelligence et le goût des populations agricoles, les porterait à moins envier les dangereux plaisirs des villes : je veux parler de la formation des sociétés de chant comme il en existe sur beaucoup de points de la France. Les *Orphéons* ruraux ne sont déjà plus une chose inconnue : dans plusieurs départements, ils se sont assez multipliés, depuis dix ans, pour mériter la protection, les encouragements des administrations publiques ; les hommes les plus recommandables des localités où ils sont constitués n'ont pas cru perdre leur temps en leur prêtant leur concours, en les appuyant de leurs chaudes sympathies. Ces associations, grâce aux nombreux témoignages de sollicitude qu'elles ont reçus du pouvoir, grâce aussi à l'apostolat que se sont spontanément attribué quelques notabilités artistiques de Paris, sont en voie d'arriver peu à peu à la valeur d'une institution nationale. Leur action civilisatrice est manifeste, évidente. Chaque degré franchi dans le sens de leur propagation est un réel progrès.

Ne serait-il pas possible que les propriétaires prissent, au besoin, le parti de se faire les promoteurs de la fondation d'orphéons? Ici comme partout, l'association mettrait à leur disposition des forces irrésistibles. Qu'on s'imagine tous les propriétaires d'une localité quelconque *voulant*, de concert, une œuvre d'intérêt public : leur projet ne serait pas plutôt conçu, qu'il pourrait être considéré comme accompli. En ce qui concerne les sociétés chorales, il n'est pas à supposer qu'ils rencontrassent de sérieuses difficultés, s'ils pouvaient se résoudre à se constituer en comités de patronage, et à s'occuper directement, efficacement, de l'organisation des orphéons ruraux. Peu de communes sont aujourd'hui absolument privées d'habitants ayant quelques connaissances musicales : l'étude de la musique est l'accessoire obligé de toute éducation à demi ébauchée. D'ailleurs, le curé, l'instituteur, ne sont-ils pas un peu musiciens, — l'un ou l'autre tout au moins? Or, que faut-il pour la création d'un orphéon? Un directeur. Le directeur trouvé, le reste va de soi ; il y a des bonnes voix partout, même dans les chaumières. Nous connaissons des sociétés chorales, nées dans les campagnes, qui ont pour chef leur vénérable curé, d'autres, l'instituteur primaire, d'autres, enfin, un honorable propriétaire qui, pour se mettre à la hauteur de sa tâche initiatrice, a dû se reprendre aux exercices du solfège, depuis longtemps oubliés. Ces hommes estimables ont compris le mérite de l'œuvre qui leur était dévolue ; il n'est pas douteux qu'ils ne puissent trouver partout de fervents et dévoués imitateurs.

Se méprendrait-on sur la portée des orphéons au point de vue de leur influence sur les populations laborieuses des campagnes ? Pour s'édifier à cet égard, il suffit de voir ce qui se passe ailleurs. En Allemagne et en Italie, — personne ne l'ignore, — l'art musical n'est pas, comme chez nous, le lot exclusif de quelques privilégiés : c'est un art éminemment populaire. Là, le pauvre aussi bien que le riche, le paysan comme le citadin, sont aptes communément à juger des beautés d'un chef-d'œuvre. Nous n'oserions pas dire que

cette condition même est la clef de la supériorité artis-
tique de ces deux pays ; cependant, nous serions très
près de le croire. Quoi qu'il en soit de ce point étranger
à notre sujet, il est remarquable que, tant en Italie
qu'en Allemagne, l'agriculture, ainsi que peuvent
l'attester tous les voyageurs, est dans une situation
florissante ; la dépopulation rurale, que nous sachions,
— malgré bien des causes de malheurs, — n'y a pas
encore sévi comme elle fait depuis quelques années
en France, où, répétons-le, elle a atteint à la proportion d'une calamité.

C'est que l'art, même en ses plus humbles manifes-
tations, excite chez l'homme des sentiments généreux.
La musique surtout — cette poésie de l'âme — a le don
de faire aimer le pays où l'on est né, où l'on a vécu et
souffert. Voyez, en France même, parmi les départements dont les ouvriers agricoles ont abandonné les
champs, il n'en est aucun où les orphéons ruraux soient
quelque peu nombreux : démonstration frappante de
cette vérité que, partout où les populations rurales sont
conviées à prendre part aux plaisirs, aux distractions
qui s'adressent à l'intelligence, elles se croient moins
malheureuses et se résignent plus volontiers à leur
sort.

Et puis, qu'on n'en doute point, le goût du chant,
s'il était popularisé dans nos campagnes, deviendrait
un élément d'autant plus certain de civilisation, qu'il
répondrait à des nécessités réelles. Quel allégement y
trouveraient souvent, au milieu de leurs pénibles
labeurs, les travailleurs agricoles ! Quel éclat, quels
prestiges nouveaux prêteraient les associations cho-

rales aux cérémonies du culte, si peu imposantes dans les petites localités ! De quels attraits, enfin, elles entoureraient les sociétés de secours mutuels, avec lesquelles elles pourraient vivre côte à côte, en quelque sorte, et même quelquefois en s'aidant réciproquement (1) !

Est-ce une illusion ? Nous l'ignorons ; mais il nous semble que, si les populations rurales étaient appelées à jouir des bienfaits moraux que nous réclamons pour elles, elles s'éloigneraient moins de leurs foyers. L'instruction, en ouvrant leur intelligence à de nouvelles perceptions, leur permettrait de peser à leur exacte valeur bien des croyances fausses ; les satisfactions morales qu'elles éprouveraient atténueraient singulièrement leurs idées de désertion ; et nul doute que, la somme de bien-être dont elles seraient mises en possession étant ainsi augmentée, elles finiraient bientôt par préférer le calme de la campagne à l'agitation des cités.

Ainsi, notamment, disparaîtraient ces funestes ha-

(1) L'union de l'art et de la bienfaisance ne pourrait être qu'avantageuse à l'un et à l'autre : leur puissance moralisatrice y gagnerait à coup sûr. Là où l'orphéon aurait besoin d'appui — car parfois les questions de personnes influent singulièrement sur les choses les plus simples — les sympathies d'une société de secours mutuels prépareraient souvent l'aplanissement de toutes difficultés. Si, au contraire, quelques résistances s'opposaient, en la menaçant, à l'organisation ou à l'existence d'une association mutuelle, l'intervention de la société chorale serait aussi de nature à rallier ou du moins à faire taire les mauvais vouloirs, par l'attrait réel qu'elle ajouterait aux réunions de ces assises fraternelles. Ces deux institutions, par conséquent, au lieu de s'exclure, nous paraissent devoir, aussi fréquemment que possible, fonctionner simultanément dans la même commune.

bitudes de jeu d'argent et de fréquentation des cafés et
cabarets, qui, aujourd'hui, sont pour la jeunesse agricole des foyers sans cesse grandissants de dépravation ;
ainsi cesseraient également ces visites fréquentes dans
les villes (1), où les campagnards se laissent trop aisément séduire aux apparences menteuses d'un luxe sous
lequel, hélas ! se cachent bien des hontes et des larmes.
L'histoire a de profonds enseignements : or, elle prouve
qu'un luxe excessif a été dans le passé le signe de la décadence, l'origine de la ruine de plusieurs peuples. Le
luxe est une chose excellente en soi, tant qu'il n'a pour
objet que d'accélérer la production ; il est alors un des
véhicules de l'aisance générale. Que les classes riches,
que les privilégiés de la fortune — puisque ce privilège
est une des lois inflexibles de l'humanité — se créent
même des besoins factices, dont l'effet soit d'aviver les
sources du travail ; rien de mieux. Le luxe, dans ce
sens, est utile : il fait vivre une multitude d'industries.
S'il venait à cesser, il aurait pour contre-coup une fâcheuse et profonde perturbation dans les conditions
d'existence d'innombrables travailleurs (2). Mais le
luxe contre lequel on ne saurait trop vivement se récrier,

(1) A ce sujet, nous appellerons l'attention des autorités et
des pouvoirs publics sur la tendance, trop générale de nos
jours, à multiplier, sans nécessité réelle, le nombre des foires
et des marchés. Ces occasions de réunion attirent un grand
nombre de travailleurs agricoles, et les champs se trouvent
ainsi abandonnés, quelquefois plusieurs jours dans la même
semaine. C'est là une véritable source d'abus préjudiciables à la
propriété foncière. Il serait possible d'y mettre fin, tout en
donnant entière satisfaction aux intérêts de la liberté commerciale et aux facilités des transactions.

(2) L'exemple de 1848 est assez récent pour que nous puissions
l'invoquer à l'appui de cette vérité. Qui ne se rappelle encore

c'est celui qui s'insinue, sans justification possible, jusque dans les portions les moins aisées de la population. On ne cherche pas seulement à *être* aujourd'hui ; on veut surtout *paraître* (1). Le moraliste ne peut que déplorer un pareil écart et en signaler les dangers. En un mot, le luxe est productif ou improductif. Dans le premier cas, il doit être encouragé. Dans le second, il importe de réagir, autant que possible, contre des tendances exagérées, pernicieuses, aussi contraires aux intérêts de la prospérité publique qu'à ceux des bonnes mœurs ; et c'est surtout pour empêcher que les habitants des campagnes puissent tomber dans cet écueil, qu'il est indispensable de réunir tous les efforts.

L'amélioration réelle de la position des travailleurs ruraux pourvoirait, en grande partie, au besoin que nous venons de signaler ; elle aiderait aussi à effacer, jusqu'aux derniers vestiges, cet esprit de jalousie trop fréquemment inoculé de nos jours parmi les classes laborieuses des campagnes, et qui les porte à envier,

cette crise terrible, qui faillit susciter de si graves embarras et qui causa, en grande partie, la chute de la République ?

(1) Que nous sommes loin des deux ordonnances somptuaires de 1294 ! — L'une défendait aux gens qui n'avaient pas 6,000 livres tournois de rente « d'user de vaisselle d'or et d'argent, ni pour boire, ni pour manger, ni pour autre usage. » — L'autre défendait aux bourgeoises « d'avoir char, aux bourgeois, homme ou femme, de porter fourrures, or ou pierres précieuses ; » elle prescrivait aux ducs, comtes et barons de 6,000 livres de terre, et aux chevaliers de 3,000 livres, le nombre de robes qu'ils pourraient faire ou avoir ; elle réglait, enfin, le menu des repas, et déclarait qu'au grand manger nul ne donnerait que deux mets et un potage au lard, et, s'il était jeûne, deux potages au hareng et deux mets. — (Blanqui, *Histoire de l'économie politique*, chap. 28.)

connue préférable à la leur, la condition des travailleurs des ateliers, des fabriques ou manufactures.
Combien de défections sont dues à ce sentiment inexact
et regrettable! Et, pourtant, la différence qui existe
entre l'ouvrier de l'industrie et l'ouvrier agricole est
loin d'être ce qu'elle semble en apparence, et ce que
la croit ce dernier. Que de mécomptes ne prévien-
drait-elle pas, si elle pouvait être entrevue dans toute
sa vérité! Car l'ouvrier agricole ne l'apprécie qu'à
travers ses illusions. Sans doute, il a vu l'ouvrier de
la petite ville ou de la cité voisine des lieux qu'il
habite. A l'avoir rencontré sur son chemin, il se figure
s'être parfaitement fixé sur sa position, sur les chances
plus ou moins nombreuses de bonheur qu'il lui prête
généreusement, mais aussi, il le faut bien dire, un
peu trop gratuitement. L'ouvrier citadin est passé
près de lui ; il avait l'air de porter, sous la blouse,
la vie avec assez d'insouciance. Que pouvait-il être,
sinon heureux ? Ne gagne-t-il pas de larges salaires ?
N'a-t-il pas son dimanche à lui, — le lundi quelquefois ? N'a-t-il pas à sa portée mille agréments, mille
distractions qui le reposent de son travail? Est-il donc
favorisé, plutôt que le pauvre campagnard! Si celui-ci
pouvait scruter, avant que de s'y laisser prendre, la
réalité de ses brillantes hypothèses, s'il pouvait pénétrer
dans l'intérieur et surtout dans le cœur de son héros,
certes, il serait bien souvent désabusé.

Même pour les ouvriers de la petite industrie, il
verrait quelles alternatives ils sont obligés de subir,
afin d'arriver à vivre strictement, à avoir du pain.
Ballottés de ville en ville, d'un maître à l'autre, les

plus nombreux sont fréquemment incertains du travail du lendemain. Les journées oisives, ils les passent à courir les ateliers, à chercher un embauchage difficile. Le soir venu, ils ne savent pas toujours où aller ; les moins disgraciés sont ceux qui sont affiliés à quelque ordre de compagnonnage : ceux-là, du moins, trouvent, pendant un temps limité, un asile sûr et les moyens de ne pas souffrir la faim ; encore faut-il qu'ils n'en abusent point. Et ces incertitudes, ces allées et venues peuvent se renouveler à chaque ville visitée. Quelque salaire qu'il gagne, il est difficile à l'ouvrier de la petite industrie d'en prélever une partie pour la réserver à l'épargne : les jours de chômage l'ont bientôt privé de ses maigres ressources. Il est forcé, dans sa vie nomade, de renoncer à la vie de famille. Le dimanche, il aura pour toute récréation le cabaret, le café, la taverne : tristes plaisirs, — lors même qu'ils ne l'amèneront pas, par d'insensibles degrés, à la perte de sa santé, à l'abrutissement. S'il en est ainsi du dimanche, quel autre emploi pourrait recevoir le lundi, quand il lui sera permis d'en disposer ? Il faut bien reconnaître qu'il lui serait possible de se procurer des distractions, des agréments plus moraux, plus favorables au développement de son intelligence ; oui, cela est vrai ; mais il est trop rare qu'il les recherche. La vie tapageuse, bruyante — hors de l'atelier — a pour lui d'irrésistibles attraits, il se meut dans un milieu où ses meilleurs instincts ont peine à résister aux excitations désordonnées qui l'entourent. Aussi est-il rarement satisfait de sa position, et, le pouvant, n'hésiterait-il pas à en changer.

Pour pouvoir croire à la misère, à l'abjection dans laquelle vivent des milliers de familles travailleuses, il faut visiter encore les grands centres populeux, la plupart des villes industrielles. Là, les ouvriers — hommes, femmes, enfants — qui, durant le jour, sont employés aux travaux les plus rudes, les plus assujettissants — quand ces travaux ne sont pas meurtriers — occupent ensemble des logements malsains, quelquefois des bouges infects; leur nourriture y est la plupart du temps composée de boissons et de mets dangereux. L'insalubrité et la sophistication se disputent leur santé. A la vérité, les préoccupations du gouvernement se sont portées sur cet état de choses, depuis longtemps signalé par les publicistes. La loi du 13 avril 1850 sur les logements insalubres, et celle du 27 mars 1851 tendant à la répression de certaines fraudes dans la vente des denrées, ont eu pour but d'y mettre fin. D'autre part, des *cités ouvrières* se sont élevées aux abords de quelques-uns de nos grands centres manufacturiers. Ces mesures sont excellentes; mais, malheureusement, combien il faudra encore de temps pour que leur application — qui, en raison même de leur nature, rencontre de véritables obstacles — puisse être considérée comme ayant totalement résolu le problème !

Mais, à ne considérer qu'au point de vue seul de l'attrait les conditions de travail où se trouvent placés les ouvriers des manufactures et ceux des champs, quelle différence au profit de ces derniers ! Dans l'industrie, l'ouvrier est souvent considéré comme machine. Réduit, par l'extrême division du labeur, à ma rôle purement automatique, où ne fonctionne nullement son intelligence, il n'est, en effet, que le serviteur de l'outil, l'esclave du puissant instrument mis entre ses mains. Sans doute, à part sa coopération physique, plastique, pour ainsi parler, à l'œuvre dont il est chargé, son intelligence, son signe de supériorité sur le monde extérieur n'en existe pas moins : l'esprit ne se laisse point absorber par la matière ; celle-ci seule reste soumise, courbée au joug de fer de ce labeur forcé, incessant, pendant les heures fixées par les exigences du patron. Sous la dure enveloppe se trouvent la pensée, un jugement, une conscience, des sentiments, un cœur, une âme ; enfin, cet assemblage de choses morales qui fermentent et palpitent, et qui constituent l'homme. Au fond, tout cela sommeille et semble n'être d'aucune utilité.

L'agriculture, intelligemment comprise, fait à l'ouvrier des champs une part plus belle dans la vie également active qui lui est dévolue. Les agents de travail qui lui sont confiés ne suivent point une marche continue, régulière, préfixe : ils obéissent à la direction qu'il leur donne, au gré de sa volonté. Il lui faut plus que de l'habitude pour les bien conduire ; la réflexion, l'attention soutenue y sont indispensables. Il y a des combinaisons de décision et de coup-d'œil dans la moindre préparation que subit une motte de terre. — Qui creuse droit le sillon ? Qui mesure la ligne raide ou courbe destinée à l'écoulement des eaux ? Qui fixe et choisit le temps, le jour, le moment propice à tel ou tel travail ? Qui calcule d'avance les résultats probables d'un amendement nouveau — irri-

gation ou drainage, — d'un changement de sole, de
culture, et qui en règle l'exécution? Nous ne citons que
quelques opérations agricoles. Toutes, comme celles-là,
sont soumises à d'intelligentes recherches et exigent
que l'esprit se tienne en éveil. Est-ce que ce genre de
travail, par lui-même, n'est pas une cause d'agréables
sensations? Tous les calculs, simples en apparence,
mais parfois ardus, que nécessite une exploitation bien
dirigée, emportent avec eux un charme indicible;
l'ouvrier agricole, quand il est éclairé, quand il sait
se rendre compte de ses moindres actes, de ce qu'il
veut obtenir, éprouve des contentements inconnus
dans toute autre carrière. Que les produits qu'il voulait réaliser viennent à souhait, malgré les nombreux
accidents qui chaque jour peut-être auront excité,
non sans raison, ses vives sollicitudes, et le voilà
richement indemnisé de ses peines, de ses soucis.
Une heure de joie le paie de toutes ses incertitudes.

La situation de l'ouvrier industriel est donc bien
autrement précaire, tourmentée et misérable que celle
du paysan. Tous les avantages sont au profit de
celui-ci. Quand il se plaint et s'abandonne aux regrets,
quand il va jusqu'à maudire sa destinée et à laisser
entrer dans son esprit, à l'état d'idée fixe, le désir de
quitter les champs, il ne se doute pas des déboires, des
désenchantements, des malheurs par lesquels il peut
avoir à expier ses folles illusions. Pour lui, hors du
travail béni de la terre, hors de ses habitudes modestes et sagement réglées, la vie est parsemée de dangereux écueils. C'est ce qu'il ne devrait jamais ignorer,
et c'est ce qu'il importe aux propriétaires de faire bien

comprendre autour d'eux. Leurs efforts seront d'autant plus facilités à cet égard, que les amendements introduits, par leur initiative même, dans la condition du travailleur agricole, ne permettront pas à ce dernier de douter de leur sincérité.

Un dernier mot, pour en finir avec les intérêts moraux qui nous paraissent le plus directement réclamer la sollicitude publique.

Ce n'est point ici le lieu d'étudier, d'une manière approfondie, la question de la charité légale ou individuelle : il y a là tout un grand problème social ; il exigerait, à lui seul, pour être examiné avec tous les développements que comporte une matière aussi délicate, un livre plus compacte que celui que nous écrivons. Cependant, ainsi que nous l'avons indiqué, les ressources considérables consacrées soit à l'assistance dans les établissements de bienfaisance, soit à l'aumône privée, sont un funeste excitant à la dépopulation rurale. En présence des faits que nous avons cités, et dont la vérité est indiscutable, on ne saurait disconvenir que cet appât, toujours offert à l'avidité de gens prédisposés à l'oisiveté, ne contribue, pour une trop large part, à favoriser, à encourager en quelque sorte la paresse et les habitudes de mendicité et de vagabondage. Croit-on que les familles d'ouvriers agricoles iraient s'implanter aux chefs-lieux d'arrondissement ou de canton, si elles ne comptaient pas sur la certitude d'être secourues, en cas de maladie ou de chômage ? Assurément, elles se garderaient bien de se déplacer, même dans le doute. Mais l'hospice ou l'hôpital est là ; là, surtout, se trouvent un bureau de bienfaisance et des sociétés charitables privées, dont la mission est de faire le bien pour le seul amour du bien. Ces établissements sont aisément accessibles : sauf les hôpitaux et hospices, où des formalités préalables sont indispensables, il n'y a pour ainsi dire qu'à demander pour obtenir. Demander ! c'est si simple. La rougeur montera-t-elle au front une fois ? qui sait ? Mais non : le secours — c'est aujourd'hui une croyance parmi les prétendus pauvres — le secours est un *droit* ; le bureau de bienfaisance, la conférence de St-Vincent-de-Paul seraient mal venus à penser autrement. Du moment qu'il en est ainsi, à quoi bon attendre la misère ? Il est bien plus commode de la simuler. Aussi le nombre de ceux qui recourent habituellement à l'assistance des bureaux de bienfaisance et des associations privées de charité ne fait-il qu'augmenter rapidement... Et combien qui, sans besoin réel, valides, aptes à se créer en travaillant des moyens honnêtes d'existence pour eux et les leurs, reçoivent de plusieurs côtés à la fois, et finissent, grâce à l'habitude, par devenir incapables de faire autre chose que de tendre la main !

Mais ce n'est pas tout. Si l'on parcourt les campagnes, que voit-on ? Partout, de la part des populations, une indifférence, et de la part des autorités locales, une tolérance abusives au sujet des mendiants. Les arrêtés d'interdiction de la mendicité n'y font rien, ou que peu de chose : les mendiants circulent impunément, de maison en maison, de hameau en hameau. Encore si ce n'était que des vieillards infirmes ou des personnes hors d'état de pourvoir, d'autre manière, à leur subsistance. Le mal alors serait moindre. Mais il n'en est point de la sorte : de ces quêteurs, la grande majorité se compose d'hommes, de femmes ou de filles, jeunes la plupart, parfaitement robustes et sachant, à l'occasion, extorquer par l'injure et la menace ce que n'obtiendrait pas une attitude plus humble et plus digne de pitié ; d'enfants, enfin, dont les parents, le plus souvent, consomment dans les loisirs d'une crapuleuse paresse — quand ce n'est pas dans la débauche — les produits de leurs coupables spéculations...

A quoi attribuer un tel affaiblissement des idées de morale, si ce n'est à l'exagération même des facilités d'assistance ? Pour nous, il n'y a sur ce point aucun doute. Quelque grave que soit une pareille accusation, nous n'hésitons pas à dire que le développement de la bienfaisance, hors des limites d'une assistance prudente et restreinte, est un puissant germe de dissolution sociale. Que les établissements publics de bienfaisance, investis de sûrs moyens de contrôle, accomplissent, dans les campagnes, les devoirs qui leur sont imposés, soit ; mais que, concurremment avec eux, des personnes isolées ou réunies en collectivité repandent, sans discernement, des aumônes qui ne peuvent souvent que s'égarer en des mains impures et indignes, là, nous trouvons un vice fâcheux, regrettable, et nous ne craignons pas de lui rapporter une bonne part d'influence sur le fait de la dépopulation rurale.

Certes, la charité est la manifestation de l'un des sentiments les plus honorables que la religion et l'humanité puissent inspirer : l'amour du prochain. — « Aimez-vous les uns les autres, » c'est la maxime

évangélique par excellence. Mais dans les meilleurs
sentiments peuvent se trouver des germes d'abus.
L'assistance a ses mauvais côtés. Secourez les vieillards
infirmes, les personnes invalides que leur état — maladie ou faiblesse — met dans l'impuissance de recourir
au travail, rien de mieux : à ceux-là, l'assistance leur
est due; vous ne saurez jamais trop les prémunir
contre le besoin, même lorsque la misère ne sera que
le fruit mérité de leurs désordres ou tout au moins de
leur imprévoyance. Mais gardez-vous bien, par des
aumônes inconsidérées, souvent arrachées à votre
crédulité par une feinte détresse, de donner des encouragements au vice, à la fainéantise. Ici, quelque excellentes que fussent vos intentions, le but de la charité
serait dépassé : au lieu d'être un bien, l'exercice de
cette vertu serait un mal.

Ainsi dirons-nous aux propriétaires, en les exhortant
à être moins prodigues d'aumônes. Qu'en un moment
de crise, qu'à la suite d'un désastre public ou particulier, ils aillent généreusement au devant du malheur
d'innocentes victimes : c'est leur devoir. Loin de les
retenir, nous les y exciterons. Il n'en sera pas de
même dans les circonstances ordinaires. Nos conseils,
alors, tendront à refroidir les élans de leur zèle. Nous
leur rappellerons que l'assistance est un aliment
plutôt qu'un remède à la pauvreté. C'est dans le travail
que les populations rurales — comme celles des villes —
doivent s'efforcer de chercher le soulagement à leurs
maux, leur bien-être et leur fortune. Le travail n'avilit
pas; il élève. Ce qui dégrade, ce qui déshonore, — c'est
l'oisiveté quand elle provient de la paresse : elle laisse

alors dans l'existence un vide qui ne peut être comblé que par des instincts pervers, par les plus mauvaises passions. Le travail est la loi suprême. L'humanité est condamnée à lui obéir. Oui, le travail et la prévoyance, voilà les seuls abris de l'homme contre la misère; c'est là que doit se réfugier tout être intelligent, doué des facultés de force et de vie qui l'élèvent au premier rang de la création. Hors de là, il n'y a que dégradation, corruption et honteux parasitisme.

CHAPITRE VII.

—

BESOINS GÉNÉRAUX.

SOMMAIRE : Présence des propriétaires. — Séjour de la campagne. — Réhabilitation du paysan. — Logements rustiques. — Question des salaires. — Application des capitaux à l'agriculture. — L'abondance profite à tous. — Associations : — pour la culture ; — pour l'usage de bâtiments, de machines et instruments ; — pour l'exécution de travaux d'art. — Effets généraux des associations.

Les divers intérêts moraux dont nous avons parlé pèsent d'un grand poids dans la balance des moyens dont il y a lieu de faire usage pour empêcher les ouvriers agricoles de déserter les champs. Il ne nous paraît pas douteux que, si nos propositions à cet égard pouvaient, comme nous l'espérons, être favorablement accueillies, il s'ensuivrait une augmentation réelle dans le bien-être des populations rurales. Mais ces satisfactions, quelque étendues qu'elles fussent, ne suffiraient pas, à elles seules, pour conjurer le mal. Non moins absolue est la nécessité de songer aux intérêts matériels. C'est de ceux-ci que nous avons maintenant à nous occuper.

L'*habitation*, la *résidence* des propriétaires (1) sur leurs
domaines, l'hiver comme l'été, — leur présence permanente, autant que possible, au milieu des travailleurs
ruraux, — là serait, incontestablement, un moyen de
fixer définitivement au sol une infinité de familles qui
n'attendent qu'une occasion, peut-être, afin de se transporter dans les villes, — prêtes à aller grossir le nombre des malheureux qui finissent par devenir à charge
à la société et à eux-mêmes. Le travail agricole serait
plus encouragé, plus honoré. Les ouvriers ruraux ne
seraient pas autant isolés et livrés à eux-mêmes ; ils
se sentiraient excités à une naturelle émulation, par le
prix qu'acquerraient leurs labeurs aux yeux du propriétaire dirigeant personnellement, ou du moins sur-
veillant ses cultures ; et leur situation se trouverait
assez relevée pour qu'ils ne s'abandonnassent point,
sans mûres réflexions, au désir qui s'empare aujour-
d'hui d'eux si légèrement, si follement, de se jeter en
des carrières où ils ne rencontrent que bien rarement
les avantages supposés qui les avaient séduits.

Quels sont, en effet, les débouchés ordinaires du
paysan qui se fait citadin ? La grande ou la petite
industrie, quelquefois ; le plus souvent, comme ma-
nouvrier, les chantiers de travaux publics ; parfois,
enfin, — quand il peut atteindre à ce point culminant
de son ambition, — la domesticité à livrée. Nous
avons fait voir que, pour l'industrie, il perd au lieu de
gagner au changement : l'agriculture lui offre toute

(1) Il y a 1,389,954 propriétaires qui n'habitent pas leurs
propriétés. (*Statistique générale de la France* — 2ᵉ série. — *Statistique agricole*, 1860.)

sécurité, tandis que l'industrie, avec la concurrence des machines, avec ses chances de morte-saison, de déplacements, de conditions d'existence d'une fâcheuse insanité, lui est une voie pleine d'écueils et de misères ; et sa situation y devient d'autant plus fâcheuse, que l'encombrement des bras dans l'industrie contribue pour beaucoup au renchérissement des prix des denrées de première nécessité. Les chantiers publics ne lui sont pas meilleurs. Quant à l'état de domestique de ville, s'il y trouve, à la vérité, toutes facilités de se livrer à des instincts honteux d'oisiveté et de mollesse, toujours est-il qu'il doit éprouver quelque peine, pour peu qu'il ait de sens moral, à se considérer, sous son déguisement de Frontin emprunté et naïf, comme supérieur à ses anciennes connaissances de la ferme ou du village.

Parlerons-nous de ceux qui, transplantés dès leur enfance ou leur jeunesse dans les villes, sont péniblement parvenus à s'y créer une position, à force de temps et de labeurs ? Qu'on ne se fasse point de trop brillantes illusions sur leur compte : il serait facile de s'y tromper. Que d'années n'ont-ils pas attendu, dans des emplois infimes, le moment où ils ont eu assuré leur pain de tous les jours ! Par combien de bassesses, d'humiliations, de larmes amères n'ont-ils pas acheté leur titre de citadin ; et combien qui ne sont pas arrivés à la réalisation, même partielle, de leurs espérances ! Car la vie bourgeoise, pour ceux que la naissance n'y a pas prédestinés, exige plus que la vie campagnarde : il y a toujours un rude stage à traverser. Sans contredit, la vie agricole, laborieuse, mais libre par compensation, est bien autrement tranquille et heureuse. Les malheureux qui ont eu à essuyer les contrariétés, les vicissitudes que nous indiquons, ne nous contrediraient pas. Ils ont eu souvent de vifs regrets, hélas ! impuissants. Ah ! s'ils avaient osé ! comme ils seraient retournés au village ! Mais, le premier pas fait, il en coûte de revenir : il est dur d'accuser soi-même son imprévoyance. Il est des accommodements même avec la lâcheté ; il vaut mieux continuer de souffrir...

Si, dans l'état présent des choses, le séjour des villes n'est pas préférable à celui des campagnes, que serait-ce donc si les braves gens qui cultivent le sol voyaient les propriétaires glorifier leur travail, par des témoignages d'un intérêt qui ne saurait recevoir un plus digne emploi ? La présence continue, c'est-à-dire une immixtion habituelle à la culture, comme direction ou comme surveillance, ne serait-ce pas, de ces témoignages, le plus manifeste, le plus éclatant ? Qu'on y songe. L'éloignement des maîtres est fâcheux pour la propriété. Tout le monde y perd. L'ouvrier, dont les labeurs ne sont pas appréciés, n'a pas de contentement et se décourage ; il vaque machinalement à ses occupations, sans goût et sans attrait. Les opérations agricoles souffrent de ce défaut de soins assidus ; elles sont moins complètes, moins intelligemment faites qu'elles ne le voudraient pour être normalement productives. Le propriétaire s'en ressent, par une diminution de revenu, et, au total, la prospérité générale en éprouve un sensible amoindrissement.

Nous ne saurions donc appuyer avec trop de force

sur l'utilité de la résidence du propriétaire sur ses domaines. De larges dédommagements l'y attendent. Cette vie active qui le réclame n'est point dépourvue de charmes. Il peut la rendre aussi heureuse, aussi confortable que partout ailleurs. Les jouissances de l'esprit et du cœur s'y peuvent combiner avec celles du bien-être matériel.

Comment le séjour de la campagne pourrait-il être désagréable? N'est-ce pas là que le malade de la ville, atteint au corps ou à l'âme d'une de ces affections qui peu à peu consument la vie, va chercher un tardif soulagement? Sur quoi compte-t-il pour ranimer son souffle prêt à s'éteindre, pour relever ses forces défaillantes? Où puisera-t-il ce remède mystérieux, divin, auquel la science humaine se voit forcée de recourir? Voyez-le arriver. Comme son front est pâle et son attitude courbée! Comme il doit souffrir! Il a peu à vivre; peut-être n'a-t-il que trop vécu. Ce sera long, s'il en réchappe... — Mais laissez-lui quelques jours de repos. Un air réconfortant et pur viendra bientôt l'imprégner de ses émanations généreuses; même couché sur son lit de douleur, le malade ne tardera pas à en ressentir les effets bienfaisants. Le calme dont il sera entouré, cette gaîté pleine de murmures et de chants dont l'atmosphère est comme saturée, un clair rayon de soleil se jouant, à travers les grands arbres, sur la fenêtre demi-ouverte, toute cette harmonie confuse et douce qui, au sein de l'immensité, semble l'éternelle vibration de la nature, ne sera-ce pas, pour lui, autant d'attaches qui le ramèneront insensiblement, infailliblement au bonheur d'espérer et de vivre?...

Et la campagne n'est pas seulement propice à ceux qui souffrent. Ses salutaires influences réagissent sur toutes les organisations. Demandez au paysan qui n'a jamais quitté son village le secret de sa robuste santé, de sa forte complexion ; s'il sait en trouver la cause, il vous dira qu'il les doit, avant tout, à la vie frugale, laborieuse, sans agitations stériles, au grand air et à plein soleil, qui est sa vie de tous les jours; à cette vie toute de travail, mais qui, en retour de ce qu'elle peut avoir de rude, de fatigant pour le corps, donne à ceux qui s'y complaisent les compensations les plus désirables — la vigueur physique, la sérénité de l'âme, les joies paisibles du foyer.

Il n'y aurait donc que profit pour eux à ce que les propriétaires voulussent bien goûter nos conseils. Ils rendraient ainsi à l'industrie agricole la faveur qu'elle perd aux yeux des ouvriers ruraux. Cette industrie, autour de laquelle s'opère le vide, reprendrait la première place, qui lui est incontestablement due. L'homme des champs s'habituerait à envisager autrement et telle qu'elle est son honorable profession : il ne rougirait plus d'être appelé *paysan*... Ce nom, dont il ne comprend pas la signification et que le citadin ignorant semble lui jeter comme une injure ; ce nom n'est-il pas un titre assez glorieux pour être porté avec fierté, avec orgueil?—Paysan!... Homme du pays, en qui le pays se résume; source de toute force, de toute grandeur nationale; base la plus solide de l'édifice social... Est-ce qu'une telle qualification n'est pas la plus noble qu'un homme puisse hautement ambitionner?... Ah! si, comme nous le demandons, les propriétaires pouvaient se déterminer, d'accord avec la généralité des intérêts, à transporter leur habitation dans les campagnes, on verrait bientôt disparaître, ou plutôt se transformer, le sens attaché à ce mot de paysan ; ce mot, alors, n'exciterait plus des sentiments défavorables aux détenteurs, aux cultivateurs du sol, et de presque insultant qu'il a été jusqu'ici dans certaines bouches, il deviendrait, pour tous, l'équivalent de courage, de foi, d'honneur et de patriotisme...

Mais espérons qu'il en sera ainsi : la généralisation même des idées civilisatrices nous paraît de nature à hâter ce résultat.

Du reste, ce nous semble, la présence des propriétaires parmi les populations agricoles serait utile encore sous ce rapport, qu'elle appellerait l'attention sur divers côtés, aujourd'hui par trop négligés, de la situation matérielle des travailleurs des campagnes. La condition moyenne de ces travailleurs s'est considérablement modifiée, depuis soixante ans, quant à la nourriture, au vêtement, aux habitudes générales de la vie. Il est toutefois quelques points où le progrès se fait encore attendre.

On nous concédera que, dans quelques contrées, les logements rustiques laissent à désirer pour la commodité, la sécurité, la santé de ceux qui les occupent. Leur construction, dans certains cas, est vicieuse : ils sont sans espace suffisant, sans air, sans lumière, ou trop bas, sans étages supérieurs ; le sol consiste en de la terre battue, au lieu d'être sur cave et revêtu d'un carrellement ou d'un plancher conve-

nable; enfin, quelquefois aussi, ils laissent, faute de
réparations opportunes, trop de prise aux vents, aux
intempéries, aux pluies fréquentes de la mauvaise
saison. Les habitants de ces maisons ne peuvent que
souffrir de telles causes d'insalubrité; ils y puisent
trop souvent le germe de maladies que leur eût évité
plus de prévoyance.

Le propriétaire, voyant lui-même ces imperfections
— exceptionnelles, il le faut dire, — de l'installation
agricole, ne ferait faute d'y porter remède. Il comprendrait, mieux qu'il ne le saurait faire à distance, la
nécessité, même pour lui, de rendre meilleure la position des familles laborieuses établies sur ses exploitations; car, en satisfaisant sous ce rapport à leurs
besoins essentiels, il se les attacherait par la mémoire
du bien qu'il aurait fait et qui lui serait rendu en
travail avec usure.

Sa participation à la vie des champs lui démontre-
rait aussi combien il aurait intérêt, dans le même
ordre d'idées, à élever, là où il convient, le salaire des
ouvriers agricoles, en tenant compte des nécessités
que leur crée le mouvement si remarquable qui entraîne aujourd'hui la société. Ce mouvement, ainsi
que nous l'avons déjà mentionné, a imprimé un essor
tout-à-fait nouveau aux conditions générales de l'existence publique. L'expansion des facultés de consommation et d'accession de toutes les classes aux bienfaits
économiques de ces derniers temps a allongé l'échelle
des aspirations populaires. Ces aspirations ne nous
paraissent pas pouvoir être méconnues.

Or, examinons l'état respectif des divers éléments dont se compose la population rurale. La propriété — n'était la désertion — serait maintenant plus florissante qu'à aucune autre époque. Grâce à l'accroissement des profits qu'elle a donnés en ces dernières années, les classes riches ou aisées qui la possèdent (1) sont heureuses. Quoique habitant aux champs, elles sont en mesure de participer à une infinité d'agréments que ne pourrait leur procurer le séjour des villes. Bien mieux, elles ont — ce qui manque aux populations urbaines — la possibilité de concilier le bon marché avec l'abondance et la recherche des objets nécessaires au confort de la vie. Aussi les familles qui, par attrait ou par tradition, sont fixées à la campagne sur leurs domaines échappent-elles, quand leur fortune atteint un certain chiffre, à une foule de difficultés, de déceptions, dont les citadins les plus opulents ne peuvent, malgré les soins dont ils sont entourés, jamais complètement s'affranchir.

La catégorie plus modeste des petits propriétaires cultivateurs (2) a également retiré des améliorations culturales une augmentation de bien-être sensible. Beaucoup ont pu, à la faveur de rémunérations meilleures que par le passé, augmenter durant les dernières années la valeur de leurs possessions.

(1) Nous ne parlons ici que des propriétaires qui demeurent sur leurs propriétés. D'après la statistique agricole plus haut citée, leur nombre se décomposerait ainsi : 687,285 ne cultivant pas ; 2,072,433 cultivant pour eux-mêmes seulement.

(2) Cultivant pour eux et pour autrui, c'est-à-dire propriétaires allant à la journée : le chiffre en est de 2,210,064.

La situation des simples travailleurs ruraux (1) seule a moins changé; elle est toujours précaire. C'est donc la cause de ces derniers que de préférence nous embrasserons. Or, sait-on en quoi consiste le salaire moyen sur lequel ils sont forcés de vivre et de faire vivre les leurs? Nous n'inventerons pas; nos chiffres sont le résultat d'une longue, minutieuse et sincère enquête faite par l'initiative du gouvernement, avec le concours des commissions de statistique cantonales auxquelles a donné la vie un décret du 1er juillet 1852 : c'est dire que cette information a été recueillie par l'association de tout ce que la France possède d'hommes dévoués aux progrès de l'agriculture. Eh bien! d'après l'enquête, le salaire habituel par jour d'un aide ou plutôt d'un ouvrier agricole est, pour un homme, de 0 fr. 81 c. avec la nourriture, et de 1 fr. 41 c. sans la nourriture; pour une femme, de 0,47 c. si elle est nourrie, et de 0,89 c. si elle n'est pas nourrie; enfin, pour un enfant, de 0,31 c. dans le premier cas, et, dans le second, de 0,64 c. D'un autre côté, quant aux ouvriers attachés d'une manière plus stable à l'exploitation, la moyenne des gages annuels d'un valet de ferme, variant du

(1) J'ai dit ailleurs (voir ci-dessus page 67, à la note) combien d'individus comprenait cette catégorie de travailleurs, suivant le dénombrement de la population de 1856. Le document dont j'ai parlé dans les notes qui précèdent et que je consulte encore, offre des renseignements à peu près identiques. Sans compter probablement 352,316 métayers ou colons partiaires et 25,381 maîtres-valets, le total des *aides agricoles* est de 6 millions 438,488, savoir: journaliers célibataires, 1,492,543 (823,628 hommes, 668,915 femmes); journaliers mariés, 2,221,672 (1,315,287 hommes, 906,385 femmes); enfin, personnes à la charge de ces derniers (vieillards, enfants, etc...), 2,724,273.

maximum de 201 fr. au minimum de 102 fr., est de 149 fr.; pour une servante, la même moyenne, s'écartant de 111 fr. à 56 fr., s'équilibre par une somme annuelle de 82 fr. Nous ne parlons que pour mémoire des avantages en nature, estimés à 31 fr. pour le domestique et à 23 fr. pour la servante.

Ces chiffres sont-ils suffisants? Là est tout le problème. Nous n'hésitons pas à penser que tous les propriétaires éclairés, justes par cela même, s'associeront à notre réponse. — Non, quelques changements avantageux qu'ait successivement subi le salaire des travailleurs agricoles (1), ce salaire n'a pas atteint le niveau où l'appellent les nécessités de notre époque.

Essayons de le prouver.

(1) M. Moreau de Jonnès, membre de l'institut, par de longues recherches dont les résultats ont été consignés dans un travail publié sous ce titre : *Conditions et salaires des classes agricoles*, a constaté que les salaires dans les campagnes avaient suivi, à diverses étapes de notre histoire, les fluctuations suivantes :

ÉPOQUES	Nombre de familles agricoles.	Salaires pour chaque famille.	
		Par an.	Par jour.
1700 — Louis XIV	3,350,000	135 fr. —	57 c. ou 7 sous 1/2
1760 — Louis XV	3,500,000	126 —	35 — 7 —
1788 — Louis XVI	4,000,000	161 —	45 — 9 —
1813 — France impériale	4,500,000	400 — 1 10	— 22 —
1840 — France constitutionnelle	6,000,000	500 — 1 37	— 27 —

Or, d'après les données les plus récentes, que nous emprunterons à la *Statistique générale de France* (2ᵉ série, *Statistique agricole*), nous pouvons mettre en parallèle avec ceux qui précèdent les renseignements ci-après :

1852-1869 — Époque actuelle . . 6,136,000   584 fr. — 7 94 c. — 59 sous 1/2

Ainsi, avant 1789, le salaire pour toute une famille agricole n'excédait pas la valeur de 35 à 45 centimes par jour, soit 7 ou 9 sous! De cette somme devaient vivre quatre ou cinq personnes. Le prix des denrées était tel, relativement à ce taux des salaires, que — comme le fait remarquer l'auteur que

La rémunération quotidienne étant telle que nous venons de l'indiquer, il faut observer que le travail de la terre n'est pas permanent ; l'ouvrier rural a aussi ses jours de repos forcé, quelquefois trop fréquents. Le nombre de ses journées par an est, en moyenne, pour un homme, de 215 ; pour une femme, de 139 ; pour un enfant, de 82. C'est sur ces termes, puisés comme nos précédents chiffres dans la statistique officielle, que nous calculons le salaire total d'une famille (père, mère et trois enfants). Ce salaire collectif ne donne que 2 fr. 94 c. par jour, soit, pour toute l'année, 584 fr.

A quelle somme annuelle iront les dépenses habituelles de cette famille ? Le document que nous avons sous les yeux en porte le montant à 607 fr. 49 c. ; et encore les bases de l'évaluation sont-elles excessivement modérées (1).

---

nous avons cité — « la population des campagnes manquait de » pain la moitié du temps, sous le règne du grand roi ; sous » Louis XV, elle en avait seulement deux jours sur trois ; sous » Louis XVI, elle obtint d'en avoir pendant les trois quarts de » l'année. » — Les temps sont bien changés. Mais le chiffre du salaire actuel, de 2 fr. 94 c. par jour, pour une famille composée de cinq personnes, est fourni par le calcul de moyennes générales. Il n'est point partout également élevé ; et c'est surtout dans les contrées où il n'a pas éprouvé les améliorations désirables, qu'il serait opportun de le porter au niveau réel des besoins des travailleurs ruraux.

(1) Voici l'évaluation détaillée pour une famille moyenne de journaliers :

Logement	44ᶠ	»	Report	435ᶠ	»
Pain	257	»	Sel	8	04
Légumes	37	»	Habillement	95	»
Viande	45	»	Chauffage	32	»
Lait	21	»	Impôt	5	45
Vin, bière ou cidre	31	»	Autres dépenses	28	»
À reporter	435	»	Total	607	49

Partant de cette comparaison, il y aura déficit entre la recette et la dépense, — c'est-à-dire que la famille agricole, si elle n'a pas d'autres ressources, se trouvera forcément réduite à l'impossibilité d'assurer sa subsistance par le produit de ses labeurs. Elle sera donc obligée de recourir, pour se procurer le supplément de salaire qui lui manquera, à l'exercice d'une industrie accessoire (1).

Si de la famille nous descendons à l'individu, il y a moins d'inégalité entre le salaire et les exigences normales d'une vie modeste. L'ouvrier célibataire reçoit, à raison de 1 fr. 41 c. pour 215 journées de travail, une rémunération totale de 303 fr. 15 c. Dans les conditions ordinaires, à la faveur des habitudes d'économie et de simplicité que favorise si bien le séjour des champs, il vit de peu ; sa dépense ne dépassera guère 255 fr. par année (2) ; il lui restera donc une somme de 48 fr. 15 c. pour répondre aux éventualités qui pourront se présenter devant lui.

Mais, outre que les termes comparatifs que nous consignons ici ne sont, comme nous l'avons dit, que des *moyennes*, ne faut-il pas prendre en considération les nouvelles tendances développées par l'élan ascensionnel de la prospérité générale? Faut-il que l'immo-

(1) Le nombre des ouvriers agricoles s'adonnant ainsi transitoirement à d'autres industries serait, selon la statistique, de 307,874, et les bénéfices qu'ils y trouvent pourraient être considérés comme rapportant : à une famille, 205 fr. ; à un célibataire, 131 fr.

(2) Dépenses habituelles d'un journalier célibataire :

Logement	27	
Nourriture.	185	Total 255 fr.
Habillement	43	

bilité soit imposée à l'habitant pauvre des campagnes,
lorsque, autour de lui, tout marché, se transforme et
grandit?... Ce serait singulièrement méconnaître les
caractères particuliers de la société moderne, que de
vouloir isoler de tout acheminement vers le progrès les
populations les plus nombreuses et à la fois les plus
intéressantes.

Les rapprochements que nous venons de faire portent exclusivement sur les journaliers non nourris.
Sauf les chiffres, ils s'adaptent aux ouvriers nourris :
la proportionnalité est à peu de chose près la même.

Les valets de ferme et les servantes attachées aux
exploitations sont évidemment moins malheureux. Ils
ont plus *de quitte* sur leurs gages. Néanmoins, en
examinant de près leur situation, on ne peut s'empêcher, dans le for intérieur, de les plaindre lorsque,
moyennant un minimum de rétribution qui parfois se
réduit à une centaine de francs par an pour un homme
et à une cinquantaine pour une femme, ils se mettent
à la disposition absolue du propriétaire : certes, à ce
prix, on ne peut pas les accuser de vendre trop cher
leur indépendance.

Donc, à tous les degrés, il y a quelque chose à tenter
en vue de rémunérer, comme ils le méritent, les travaux
de l'agriculture.

Pour la fixation d'un salaire convenable, légitime,
il y a lieu de s'appuyer sur des principes fondamentaux
depuis longtemps proclamés, et qui, de nos jours, ont
reçu la consécration de la science. Ils ne sauraient être
trop connus ; aussi nous faisons-nous un devoir de les
exposer ici. — Le salaire de l'ouvrier, pour être suffi-

sant, doit comprendre : 1° les choses nécessaires à cet ouvrier pour vivre, lui et sa famille, c'est-à-dire se nourrir, se vêtir, se loger ; 2° l'entretien et le renouvellement de ses instruments de travail ; 3° l'amortissement du capital employé à l'élever et de celui qu'il affecte à l'éducation de ses propres enfants ; 4° les moyens de se constituer un fonds de secours, par des versements à la caisse d'épargnes, dans une caisse de secours mutuels, de retraites, etc., afin de se mettre en mesure de pourvoir à ses besoins en cas de chômage, ou lorsque l'empêcheront de travailler les infirmités ou la vieillesse ; 5° enfin, un boni *net* sur toutes ses dépenses ou réserves faites ou à prévoir, qui lui permette d'augmenter son bien-être et celui de sa famille, de subvenir aux besoins de ses vieux parents, etc... Qu'un seul de ces éléments du salaire manque à l'ouvrier, et sa position est mauvaise. Si son présent n'est pas assuré, que sera-ce donc de son avenir ? Et l'insuffisance du salaire ne peut avoir que ces conséquences déplorables pour l'ouvrier : d'abord la gêne, puis la misère, — c'est-à-dire la cruelle perspective ou de la mendicité, ou du crime, ou de la mort...

Ce qui est vrai pour l'ouvrier des villes l'est aussi pour l'ouvrier des campagnes. Il y a entre les uns et les autres, sous ce rapport, parfaite parité de situation.

Insistons, au surplus, sur ce point, que l'élévation du salaire pour l'ouvrier des champs doit être le résultat naturel, logique de l'augmentation de la production agricole, qui, elle-même, est la base de l'aisance générale. Répétons que, si cette aisance s'accroît, il est équitable que le travailleur voie s'élargir, dans une proportion convenable, son bien-être et celui de sa famille; son salaire doit être en rapport avec les profits que son labeur réalise. Il y a d'étroites affinités, d'intimes rapports — nous pourrions dire une sorte de solidarité — entre le bénéfice qu'assure au propriétaire le travail de l'ouvrier agricole et la rétribution due à ce dernier : plus est grand le bénéfice, plus est juste l'amélioration du salaire.

Les ouvriers agricoles — nous le savons — sont aujourd'hui exigeants : ils ont des prétentions dont se plaignent bien des propriétaires. Ils se prévalent de ce qu'ils sont indispensables, n'étant pas nombreux. C'est un rôle pour les mauvais : car les bons ne taxent point leur travail, leur dévouement. — Le salaire, d'après la loi économique, subit la double influence de la concurrence des bras et des prix des objets nécessaires à l'existence. Ramenez aux champs les travailleurs : vous rendrez les récalcitrants dociles ; et, si vous obtenez, par l'augmentation du travail, l'accroissement des produits, vous pourrez ramener aussi les salaires à un taux équitable, ni exagéré pour vous, ni trop bas pour l'ouvrier.

Il ne faut pas, enfin, s'illusionner sur l'obstination dans des résistances qui ne seraient pas fondées ; elles n'amèneraient, pour les propriétaires, que l'aggravation des difficultés actuelles. L'augmentation des salaires a eu lieu au profit des ouvriers agricoles dans plusieurs départements. C'est là que la dépopulation est demeurée inconnue, ou a été insignifiante. Si, sur les points où la condition des travailleurs ruraux est encore trop misérable, aucun changement n'y était apporté, il n'est point douteux que ces travailleurs ne quittassent leurs champs, pour offrir leurs services dans les pays où les attendrait une plus juste rémunération (1).

Il serait également désirable que le propriétaire, pour élargir le cercle de sa fortune, consentît à montrer moins de parcimonie dans l'application, à l'agriculture, des capitaux qu'elle réclamerait. Sans doute, sur certains points de la France, la propriété reçoit un contingent d'avances relativement en rapport avec les améliorations culturales qu'on se propose d'obtenir. Là, l'on comprend que l'argent, employé en achat de machines ou d'instruments, en engrais, en changements d'assolements, en travaux de tout ordre, donnera une surélévation de revenu. Malheureusement, il n'en est pas partout de même. Cette manière de juger des véritables besoins agricoles devrait être la règle ; elle n'est que l'exception. Dans la plupart des contrées, le capital d'exploitation est insuffisant.

Le capital et le travail fécondent toujours le sol. Nous le reconnaissons, les désastres périodiques aux-

(1) Il est bon de remarquer à ce sujet que déjà, dans certains départements, l'usage des migrations de travailleurs ruraux existe en des proportions inquiétantes et dont il ne serait pas prudent de provoquer le développement. Voici les renseignements fournis par la statistique agricole :

		Hommes.	Femmes.	Total
Nombre d'ouvriers agricoles émigrant périodiquement hors de leur région pour aller chercher du travail.		266,769 —	38,328 —	305,097
Nombre d'ouvriers venus du dehors dans les diverses régions	pendant la saison des vendanges, etc. . . .	526,502 —	353,891 —	880 400
	en temps ordinaire . . .	56,126 —	26,437 —	82,563
Totaux. . . .		849,401 —	478,656 —	1,328,060

quels sont exposées les récoltes sont une décourageante et terrible éventualité. Dans l'état présent, les garanties préventives par l'assurance, à la vérité, sont à la fois onéreuses et insuffisantes. Cependant, il ne le faut point perdre de vue, une intelligente culture est propre à atténuer bien des pertes. Les capitaux consacrés en amendements bien entendus ne sont jamais totalement improductifs. Celui qui néglige les améliorations nécessaires, sous le prétexte que la grêle, la gelée, l'inondation les peuvent anéantir, — celui-là se trompe : il spécule mal ; il méconnaît cette loi de la prévoyante nature — que l'argent confié opportunément à la terre, elle le rend tôt ou tard avec largesse. Quels que soient les sinistres qui désolent la propriété, le mal est en raison inverse du soin qui a présidé aux cultures : plus ce soin a été conforme aux sains enseignements de l'expérience, plus le mal se trouve limité.

Nous ne prétendons point, par ce qui précède, pousser à l'exagération de la dépense. Bien au contraire : ce serait tout-à-fait dénaturer notre pensée que de lui assigner une telle interprétation. En tout, il est un terme moyen dont il est important de ne se point départir. Tout excès est nuisible, par cela seul qu'il est un excès. Il y a des propriétaires qui se ruinent, en appliquant aux travaux agricoles des capitaux dont ils ne retirent pas de revenu : c'est qu'ils ne savent pas assez distinguer les diverses qualités des terres soumises à leur exploitation : ce sont ces qualités qui doivent servir de première base à leurs calculs. Une culture n'est réellement bonne que lorsqu'elle donne un produit *net*, en excédant sur les frais de tout genre. Plus ce produit net

sera élevé, et mieux le propriétaire aura su tirer parti
de la terre. Savoir dépenser tout ce qu'il faut, mais
point au delà, pour accroître la somme de production
et partant le bénéfice qui doit en résulter, — en cela
consiste tout l'art de l'agronome.

Partout où le progrès agricole a atteint le degré où
l'ont porté, à notre époque, les meilleures notions agronomiques confirmées par la pratique, des capitaux assez
abondants affluent vers l'exploitation du sol : dans ces
pays privilégiés — encore trop rares — il n'y a qu'à
suivre l'impulsion donnée ; de nouveaux et incessants
perfectionnements en seront le fruit. Partout ailleurs,
il est à désirer que les populations rurales, et en particulier ceux qui possèdent, comprennent, enfin, la
nécessité d'arriver à ce même niveau du progrès con-
temporain, dont la tendance dernière consiste dans la
conciliation des deux termes de cette proposition
économique : savoir dépenser à propos, *et produire le
mieux et le plus possible, avec le moins de frais possible* (1).

(1) Nous devons forcément, dans ce livre, nous restreindre
aux généralités, et écarter toute considération dont la nature
serait mieux appropriée à un traité de pratique agricole. Qu'on
nous permette, toutefois, au sujet de cette question de l'affectation des capitaux aux travaux de la terre, un simple rapprochement ; nous désirerions vivement en faire sentir l'immense
importance. — La valeur des engrais, comme agents de fertilisation, n'a jamais été mieux prisée qu'en ces temps-ci : des compagnies se sont formées dans le but d'aller recueillir le *guano* à
2,000 lieues — à grands frais— pour l'importer en Europe. Des
gisements non moins précieux et bien autrement inépuisables
de matières tout aussi riches en principes fertilisants *existent à la
portée de tous*. Ils sont généralement dédaignés. Nous voulons
parler de l'ENGRAIS HUMAIN, perdu presque partout dans les campagnes comme dans les villes, et dont l'emploi judicieux à la
fécondation agricole serait la source d'un incalculable accroisse-

Cette formule sert de point de départ au progrès industriel. Elle n'est pas moins vraie pour l'agriculture que pour l'industrie. Il est de nombreux esprits qui en contestent la justesse, en matière de production culturale. « L'abondance des produits — disent-ils — » engendre la vilité des prix, et cette vilité fait que les » prix ne sont pas suffisamment rémunérateurs. » — Nous ne dirons pas que cette opinion, trop répandue, émane d'un mauvais sentiment ; Dieu nous garde de pareille pensée. Nous préférons la rapporter à l'irréflexion ou à l'inexpérience ; car elle ne repose que sur l'erreur. — Non, l'abondance des récoltes n'est jamais un mal, et les prix les plus bas qu'elle amène ne cessent pas d'être une récompense avantageuse, suffisante pour le producteur. Lorsque la production est considérable, qu'elle répond aux forces de fécondité du pays, les prix sont plus favorables au consommateur, mais le producteur y trouve également son bénéfice : s'il récolte 200 hectolitres de blé à 15 fr., au lieu de 100 hectolitres à 30 fr., pour lui le profit n'en est pas amoindri : bien au contraire, il voit s'augmenter ce profit en raison de l'accroissement de la quantité de blé qu'il a récoltée (1) ; — seulement, dans le premier cas,

ment de la production générale et conséquemment de la fortune publique. On va chercher au loin — au delà des mers, à prix d'or — ce qu'on a tout près et qui ne coûterait que peu. Le simple bon sens et les idées les plus vulgaires d'économie protestent contre un pareil fait. Il serait fort à souhaiter que les agriculteurs de tous les pays — imitant un exemple depuis longtemps donné par les cultivateurs des Flandres notamment — voulussent bien ouvrir les yeux et se rendre à l'évidence.

(1) Il faut noter, en effet, — ce qui n'est ignoré d'aucun agriculteur habile, — que, quelles que soient les récoltes, la partie

le consommateur partage avec lui le bénéfice, tandis que, dans le second, le consommateur souffre. La prospérité, l'aisance publique ne peuvent trouver de sérieuses garanties que dans cet équilibre de la production et de la consommation. S'il y a de légitimes exigences, elles gisent uniquement dans la supériorité du prix, quand il y a supériorité de qualité.

Produire le mieux et le plus possible au meilleur marché possible, — telle est donc la fin de toute bonne agriculture. C'est à ce but que doivent viser tous les efforts, surtout en présence de la liberté de commerce qui, ne permettant plus à la France de se restreindre à son marché intérieur, comme autrefois, en a fait, pour l'achat et la vente, le marché du monde entier.

Mais, pour mettre la propriété à même d'atteindre aux hauteurs de ce programme, en quelque sorte idéal, de la richesse publique, n'y a-t-il pas d'autres voies ouvertes, accessibles à tous les états, à toutes les positions ? — L'association, regardée de ce point de vue

qui en est consommée annuellement dans une exploitation bien dirigée est à peu près invariable : dans les mauvaises comme dans les bonnes années, le même personnel, le même bétail sont nécessaires. Plus la récolte sera abondante, par conséquent, plus l'excédant formant le bénéfice net devra se trouver en rapport avec l'augmentation de la production. Exemple : 200 hectolitres de blé ont été récoltés. En défalquant 60 hectolitres pour la consommation annuelle de la ferme, il reste à vendre, au prix de 15 francs, seulement 140 hectolitres : le produit en argent sera de 2,100 francs. — Supposons, au contraire, que nous n'ayons que 100 hectolitres. Si nous déduisons la même consommation de 60 hectolitres, il n'en restera que 40 qui, au prix de 30 francs, donneront 1,200 francs.

On voit d'un coup-d'œil la différence.

spécial, nous paraît riche de promesses et d'espérances.

Nous avons dit ci-dessus, chapitre V, les divers modes d'association préconisés par les économistes, en vue du développement de la production du sol. Ils sont partout applicables. Pour que la pratique s'en généralise parmi les moyens propriétaires et petits cultivateurs — qui surtout en doivent attendre de féconds résultats — il ne faut que dissiper les préventions si profondément enracinées dans les mœurs campagnardes. Nous le savons bien, ce n'est pas chose aisée. L'entêtement du paysan et son opposition quand même à toute innovation seront d'autant plus vifs, que plus complète sera son ignorance. Mais nous croyons, cependant, que les grands tenanciers, usant de leur crédit et de leur influence sur l'esprit des populations en rapport avec eux, que les propriétaires médiocres même, mais qui, par leur intelligence ou leur capacité professionnelle, seraient en position de comprendre les avantages de l'association agricole, pourraient utilement distribuer, autour d'eux, une vivifiante lumière. En tout, le meilleur agent de succès est l'exemple. Que quelques localités, d'abord, parvinssent à offrir des modèles d'associations agricoles, et la question serait en voie d'être résolue : d'ostensibles bénéfices en seraient bientôt la conséquence ; ils ne manqueraient certainement pas de faire promptement irradier, dans les localités voisines, des pratiques dont il serait impossible de méconnaître l'efficacité. Ainsi seraient, si nous pouvons ainsi dire, posés de premiers jalons de progrès.

Les indications que nous avons données, en parlant de la puissance de l'association, seraient peut-être suffisantes. Toutefois, nous ne voudrions pas demeurer dans la crainte d'avoir été incomplet. Aussi ajouterons-nous quelques explications nécessaires.

Revenons donc sur les diverses formes que peuvent prendre les associations entre propriétaires ou petits cultivateurs, dans le but d'arriver directement à l'augmentation de la production agricole.

La première application d'association qui se présente logiquement à l'esprit est celle qui aurait pour objet l'exploitation des terres *en commun*. — Rappelons, avant d'aller plus loin, qu'il ne s'agit ici de la conception d'aucune utopie laborieusement échafaudée, mais échappant à la pratique ou entraînant de fâcheuses alternatives pour l'ordre social. Il n'est question que d'un système fort simple. — Quand nous disons *exploitation*, nous voulons dire *travail* ; la *communauté* — d'après nos idées — ne peut avoir l'effet d'annihiler les droits respectifs de chacun des associés ; il n'y a point de partage arbitraire ou par portions égales ; chacun contribue et retire, dans la mesure de ses forces contingentes, de son apport dans la société. Ceci n'est point, en un mot, du *communisme* : c'est le principe des ressources d'une famille appliquées à plusieurs ; — c'est le moyen de faire sagement, efficacement, de la *grande culture* avec et par la *petite propriété*.

Précisons, et pour cela recourons à l'hypothèse.

Dans telle commune, six petits cultivateurs s'associent pour exploiter en commun leurs terres. Deux ont chacun 10 hectares de sol labourable à comprendre dans l'association ; les deux autres, chacun 8 hectares ; chacun des deux derniers, enfin, 7 hectares. Le total des terres possédées par les six associés est ainsi de 50 hectares. Supposons qu'aucun n'ait, isolément, les moyens d'entretenir une paire de bœufs, de vaches, de chevaux, ou autres animaux en usage dans le pays (1) ; l'association les met en mesure d'y pourvoir. Deux, trois, quatre paires de bêtes de trait sont achetées, logées, nourries, entretenues à frais et à profits communs. Vienne la saison des labours ou des charrois : au lieu de payer des prix de journée onéreux (2), les six propriétaires profiteront, à tour de rôle, et dans la proportion pour laquelle ils seront intervenus dans l'achat, du travail des animaux leur appartenant, — cette proportion étant, autant que pos-

(1) On comprendra bien mieux l'importance de l'affectation des formes de l'association à l'achat et à l'usage en commun des animaux nécessaires aux travaux agricoles, quand on connaîtra le nombre, relativement si restreint, de ces utiles auxiliaires aujourd'hui employés à la culture du sol.

Nombre des animaux employés aux travaux de l'agriculture :

Chevaux	1,845,507 têtes
Mulets	208,007 —
Ânes	213,303 —
Bœufs	1,584,559 —
Vaches	1,205,040 —

(*Statistique générale de la France — 2e série — Statistique agricole, 1860.*)

(2) Les prix moyens de journée, suivant les calculs relevés à la suite de l'enquête dont les résultats ont fait l'objet de la statistique agricole de 1860, sont évalués comme suit :

Par tête : { Journée de cheval . . 2 fr. 11 c.   Par paire :
— de mulet . . 1   74
— d'âne . . 1   80   de chevaux 2 fr. 40 c.
— de bœuf . . 1   40   de bœufs . . 4   57

sible, correspondante avec l'importance réciproque de chaque petite propriété admise dans l'association. — La même règle régira les façons successives que recevra la terre. Elle servira aussi à la distribution des engrais, de la marne, de la chaux, etc., qui pourraient être acquis pour l'amélioration des cultures ; enfin, au roulement des divers travaux manuellement faits, par tous les associés, sur le bien de chacun. La moisson, la fenaison, la cueillette des fruits ou récoltes pourront avoir lieu par le même procédé collectif, — ainsi, du reste, que toutes les opérations se rattachant à l'intérêt purement agricole. Dans tous les cas, les charges comme les bénéfices de la communauté devront être répartis de manière à ce que, l'association étant formée de trois groupes inégaux, chacun de ces groupes entre dans les profits ou pertes, savoir : le premier (20 hectares de sol), dans le rapport de 20 à 50 (50 hectares étant la contenance totale soumise à l'association) ; le deuxième, de 16 à 50 ; le troisième, enfin, de 14 à 50. Le groupe étant composé de deux familles, chaque famille y sera pour moitié (1).

(1) Nous ne nous dissimulons pas la gravité d'une objection qui, à première vue, peut être faite à la mise en pratique de ce système. Dans l'état actuel des mœurs et des habitudes rurales, il serait peut-être malaisé de réunir en association, dans des conditions analogues à celles que nous indiquons, plusieurs petits cultivateurs qui, par caractère et par mutuelle confiance, parvinssent à s'entendre pour une exploitation commune. Chacun, naturellement, voudrait avoir la priorité sur ses coassociés, chacun aurait la prétention de faire travailler son propre fonds d'abord, de faire prévaloir ses exigences, ses intérêts particuliers ; l'accord serait impossible. Mais il nous paraîtrait facile de tout concilier, en *confondant*, comme l'explique, du reste, notre exposition, les dépenses et surtout les *revenus* ; de cette

Nous avons dit que l'association était le moyen de faire de la *grande culture* avec la *petite propriété*. Expliquons-nous.

Les seules critiques sérieuses que l'on puisse porter sur les inconvénients qui, au point de vue du progrès de la production, dériveraient du morcellement du sol, ont pour objet trois faits principaux, autour desquels viennent se grouper tous les autres faits secondaires. Les voici : les petites propriétés, en raison même de leur peu d'étendue, nécessitent une extrême division des cultures, afin de donner à leurs possesseurs une certaine variété de récoltes ; la bêche, qui use les forces de l'homme, y est substituée à la charrue, qui les économise ; enfin, par suite surtout de l'absence de capitaux, les prairies et les pâturages y sont sacrifiés aux champs, c'est-à-dire la nourriture des animaux aux céréales, — ce qui restreint les engrais, principe générateur essentiel de toute fertilité.

Ces reproches, adressés à la petite propriété, sont-ils fondés ? Nous ne chercherons pas à le nier. Oui, il est vrai, la petite propriété, quelque avantageuse qu'en soit l'exploitation, pourrait voir s'accroître considérablement encore, par la grande culture, les sources de

manière, l'intérêt de tous serait de répartir, dans les proportions les plus avantageuses, sur les diverses parcelles soumises à l'association, les forces dont disposerait celle-ci, en vue d'obtenir des produits aussi nombreux que possible ; ces produits eux-mêmes, ou les prix en provenant, seraient annuellement distribués entre les associés. — Dans aucun cas, les propriétés, alors même qu'il y aurait contiguïté, ne devraient être mises en commun, c'est-à-dire groupées en un seul corps, sous peine de s'exposer aux difficultés et aux perturbations les plus regrettables.

sa fécondité. Et la grande culture, en effet, ne serait-
elle pas le résultat naturel de l'association? Voyons-le.
— Comment se passent les choses aujourd'hui? Un
petit cultivateur possède un bien de deux, quatre, huit
hectares. Les quelques pièces dont se compose son
fonds sont isolées, éloignées les unes des autres. Il
aurait grand profit à ne travailler chacune d'elles qu'en
une fois; mais, pour varier ses produits, il y sèmera
différentes espèces de grains : là, du blé; ici, du seigle,
du maïs, de l'orge; plus loin, des légumes. Autant de
sortes de semences, — autant de genres de travaux,
autant d'époques où il sera obligé de se déplacer,
souvent pour d'assez longues distances : perte de forces
et de temps. Son travail, en somme, sera d'autant
moins productif, qu'il sera plus éparpillé. Il n'en serait
pas ainsi avec l'association.

Continuons la supposition que nous admettions tout
à l'heure. Nos six petits cultivateurs sont associés;
le total de leurs terres, ne l'oublions pas, s'élève à
cinquante hectares. Est-ce que les conditions de culture ne changent pas entièrement? Au lieu d'être
fractionnés en minimes parcelles, les 50 hectares sont
divisés en grandes soles. Les pièces sont tout entières
affectées aux mêmes cultures : les menus grains et les
fourrages artificiels s'y succèdent d'année en année,
suivant le mode de rotation le plus convenable pour la
contrée, et aussi selon les diverses qualités de terrain.
Les surfaces en prairies et pâturages sont augmentées.
Le troupeau de moutons, impossible pour chacun des
associés séparément, a à sa disposition de suffisantes
étendues de parcours sur les 50 hectares. Le bétail de

travail et de croît (1) peut être nombreux ; la masse des engrais devient considérable. La charrue remplaçant partout la bêche, le labeur manuel est simplifié, et la production accrue en des proportions nouvelles. Les capitaux disponibles pour le tout acquièrent, par leur réunion, infiniment plus de valeur que lorsqu'ils n'étaient employés que pour la partie. Grâce à la communauté des efforts, aucun intérêt n'est méconnu, aucun besoin ne demeure sans recevoir entière satisfaction.

Et, notez surtout ceci, — fait remarquable assurément : l'aisance des associés s'élargit d'autant plus rapidement que, en outre de la réalisation facile de plus gros bénéfices sur leurs petits biens, ils auront plus de temps à consacrer à venir en aide à la grande propriété, de manière, tout en se rendant utiles aux autres, à trouver dans leur travail, même encouragé par d'honnêtes loisirs, de nouvelles ressources, de nouveaux profits pour étendre leur bien-être et celui de leurs familles.

Nous avons tenu à donner ces éclaircissements pour faire bien ressortir toute l'économie des combinaisons auxquelles se prête l'exploitation du sol par l'association. Les bases que, pour plus de clarté, nous avons présen-

____

(1) Ajoutons que, selon nous, — et nous croyons être d'accord avec tous les hommes sérieux qui se sont occupés des intérêts de la production foncière, — l'agriculture, dans l'éducation du bétail de croît, ne fait pas une part suffisante à l'engraissement. Elle pourrait faire beaucoup plus qu'elle ne fait. En augmentant la somme de ses fourrages, et partant de ses engrais, elle pourrait donner partout à l'élève du bétail l'importance désirable ; elle contribuerait ainsi à rendre plus grande la consommation de la viande de boucherie, surtout dans les campagnes.

tées avec le moins de complication possible, en sont aisément saisissables. Aucun paysan ne se refuserait à en reconnaître la simplicité, ni même l'efficacité. Dans quelques conditions qu'on en veuille tirer parti, il n'y saurait avoir de difficulté bien sérieuse : on sait que le cultivateur, même illettré, quand il a à se rendre compte de ce qui lui revient dans une opération agricole, en remontrerait, au besoin, à plus savant que lui.

Or, si l'association, consacrée à la mise en valeur des biens fonds, est de nature à augmenter sensiblement le rendement des produits ruraux, combien plus elle accroîtra ce rendement, alors qu'elle sera appliquée, en outre, à l'acquisition, à l'usage et à l'entretien de bâtiments, d'instruments et de machines propres ou nécessaires à la culture !

Citons encore un exemple :

Deux, quatre, six cultivateurs voisins s'associent entre eux pour faire édifier une étable, une grange, un bâtiment d'exploitation quelconque ; — chacun s'en réservera l'usage d'une partie déterminée, répondant à sa quote-part de mise (1). La construction, ainsi entreprise, sera relativement peu dispendieuse ; elle sera loin, assurément, de revenir au prix qu'eussent coûté deux, quatre ou six bâtiments séparés, repré-

____

(1) Pour la réalisation de cette sorte d'association, il faut nécessairement une complète entente entre tous les membres. Nous ne voulons pas croire les populations rurales plus mauvaises qu'elles ne le sont en effet ; aussi avons-nous la confiance que, si elles pouvaient comprendre les énormes avantages qui en résulteraient pour elles, elles n'hésiteraient pas à entrer dans la voie que nous essayons de leur tracer.

sentant la moitié, le quart ou le sixième de la grange
ou de l'étable commune. Chaque associé n'aura con-
couru aux frais que pour une petite somme. Les
avantages de la jouissance à laquelle il aura droit
seront pourtant les mêmes que ceux qu'il eût retirés
d'un bâtiment lui appartenant en seul. Il aura donc
obtenu, par le fait même de son association, — outre
la possibilité du but, — une économie véritable : si ce
bénéfice lui reste, il pourra l'employer en améliorations qui, dans une autre situation, lui eussent fait
absolument défaut.

De même pour les machines ou instruments perfectionnés. Il n'en est pas des machines dans l'agriculture comme dans l'industrie : si ici elles ont, parmi
d'autres fâcheuses conséquences, celle d'amener un
excès de production et une concurrence illimitée, là,
au contraire, elles ne font qu'accroître la production
au profit de tous. Toujours le petit propriétaire trouverait un bénéfice certain à accélérer certaines parties de son travail purement manuel, par l'emploi de
machines qui lui feraient gagner beaucoup de temps,
en le dégrevant d'un notable supplément de fatigue.
Il le comprend quelquefois, et voudrait profiter des
facilités nouvelles qui lui sont offertes ; mais, quel-
qu'en soit son désir, il est obligé de renoncer à la
pensée de se procurer des intruments simplificateurs :
il n'en pourrait faire l'achat qu'en se privant de ressources réclamées par de plus impérieux besoins. Il
en fait à regret le sacrifice. L'association, pourtant,
lui permettrait de tourner les obstacles qui s'opposent
à la réalisation de ses vœux. Il est trop pauvre pour

se passer le luxe d'un seul instrument perfectionné, d'une seule machine ; par l'association, il lui serait loisible de s'assurer l'emploi, non-seulement d'un ou de quelques-uns de ces agents de travail plus rapide, mais — s'il le voulait — d'une série complète, correspondante aux différentes et nombreuses opérations agricoles que la mécanique a résolues.

Pour ce genre d'approvisionnement, l'association ne nous paraît pas susceptible d'une limitation *à priori* : il n'y aurait pas d'inconvénient, à la rigueur, à ce qu'elle embrassât toute la population d'une commune, d'une section au moins, et les propriétaires de tout ordre y pourraient participer en beaucoup de circonstances. — S'imagine-t-on vingt, trente, cinquante familles, liées par la mutualité de la dépense et du profit, possédant une ou plusieurs collections d'instruments ou de machines agricoles, depuis la charrue améliorée jusqu'aux batteuses, jusqu'aux piocheuses à vapeur (1) ? Quel mouvement ! quel immense accroissement de labeurs ! Et, cependant, ces résultats auraient été acquis sans grand sacrifices pour chacun, tandis que chacun en retirerait d'immenses bienfaits. Car — nous ne sommes pas des premiers à le dire — même avec le personnel rural disponible avant que

____

(1) La plupart des économistes sont d'accord sur ce point, que l'association n'est point praticable pour l'exploitation des vignobles. Toutefois, elle peut être tentée quand il s'agit — la cueillette du raisin faite — de fabriquer le vin ou les eaux-de-vie. Ainsi, rien ne s'opposerait à ce que, dans les pays viticoles, des associations fussent organisées pour l'établissement de presses ou fouloirs mécaniques, de distilleries, où chaque associé aurait le droit de porter à son tour ses récoltes.

la dépopulation se fût étendue sur une grande échelle, on se plaignait de ne pouvoir faire subir à la terre toutes les préparations exigées par les bons procédés agronomiques. Alors même, il y avait insuffisance de bras. Évidemment, cette situation n'a pu qu'empirer. Est-ce qu'on ne sent pas, est-ce qu'on ne voit pas le remède surgir naturellement de l'usage, de la vulgarisation des machines (1), surtout avec le repeuplement des campagnes ? Prenons pour type une batteuse, une faucheuse, un égrenoir à maïs, un hache-paille, par exemple. Qui niera que chacun de ces instruments ne soit un moyen d'abréger très notablement le travail, tout en le faisant aussi bien, sinon mieux, qu'avec la main humaine n'ayant pour auxiliaires

(1) Sur les 13 millions de cotes foncières existant en France, en 1854, nous serons fort modéré en ne comptant que 6 millions de propriétés ou exploitations rurales. Or, il n'est pas sans intérêt de rapprocher de ce chiffre celui des divers instruments ou machines perfectionnés qui, d'après les informations recueillies par le bureau de la statistique générale, seraient à la disposition de l'agriculture.

Voici les renseignements que nous relevons dans la statistique agricole, publiée en 1860 :

Nombre de charrues sans avant-train (sans roues)		1,300,391
Idem	ayant une roue ou un sabot.	110,491
Idem	à avant-train.	1,166,832
Scarificateurs, extirpateurs et autres instruments analogues.		203,415
Chariots à quatre roues.		560,953
Id. à deux roues.		2,053,078
Machines à battre mues par des animaux.		58,414
Idem	par la vapeur.	1,537
Idem	par l'eau.	206
Idem	à bras.	83

Si c'est là le véritable point du progrès agricole de notre époque, il faut avouer qu'il a encore devant lui une bien large et fructueuse carrière à parcourir. Il suffit de jeter les yeux sur les chiffres qui précèdent pour se convaincre de l'avantage qu'il y aurait à préconiser l'usage, par l'association ou autrement, d'un bon outillage agricole.

que les outils primitifs de l'enfance de la civilisation ?
Certes, nous ne redoutons pas les contradicteurs. On
avouera, avec nous, que les machines que nous venons
de désigner sont toutes d'une incontestable utilité.
Eh bien ! leur utilité ne gît pas seulement dans ce fait,
qu'elles économisent le temps des travailleurs, mais
bien, plutôt, dans ce qu'elles laissent le travailleur
libre d'occuper profitablement ce temps ailleurs, où
ne peuvent les suppléer les engins mécaniques. —
La batteuse, en supprimant les longueurs inhérentes
au dépiçage des grains d'après les anciens systèmes,
permet de réserver cette opération pour le mauvais
temps ou la saison oisive, — tandis qu'auparavant il
fallait lui consacrer les plus belles, mais aussi les
plus fatigantes journées ; la rapidité de la faucheuse
se prête à tenir compte de l'opportunité de la coupe
des foins et fourrages, souvent chanceuse ; l'égrenoir
à maïs… — Mais à quoi bon répéter ce que personne
n'ignore ?…

Avons-nous clairement prouvé la facilité d'exécution
et de résultats de l'association pour l'usage commun
de machines, d'instruments ou de bâtiments agricoles ?
Telle était, du moins, notre volonté. Si nous ne sommes
pas resté au dessous de cette tâche, nous n'avons nul
besoin de nous étendre sur l'application de cette démonstration à l'établissement, à l'entretien et à l'usage en
commun de divers travaux d'art devant profiter aux
associés. — Canaux d'irrigation , drainages sur de
grandes surfaces , chemins d'exploitation, aires communes pour le battage des grains, etc.. — tels seraient,
entre autres, certains de ces travaux. Cette dernière

forme d'association trouve une sorte de modèle dans les syndicats pour les cours d'eau. Tout le monde est apte à en apprécier la valeur. Nous n'y insisterons pas.

Disons seulement encore que l'association, comme moyen d'accélérer le progrès agricole, peut être appliquée aux divers objets, aux divers cas que nous venons d'indiquer, soit par voie de généralisation, soit dans des proportions restreintes. Il serait difficile de préciser, de déterminer les circonstances où elle dût n'avoir aucune action réelle : l'expérience dira seule jusqu'où va et où s'arrête sa force d'expansion. Pour nous, sous le rapport de l'amélioration de la propriété foncière, nous la croyons destinée à amener une rénovation qui, pour avoir été lente à se produire, n'en serait pas moins complète ; aussi pensons-nous que le premier devoir des propriétaires est d'en assurer, de toutes les manières, le prompt avènement. Ce côté de la solution du dépeuplement des campagnes dépend d'eux, en grande partie. Qu'ils n'oublient pas qu'ils y trouveront largement leur récompense. L'augmentation de la richesse publique se fera sentir surtout pour eux. Ils auront bien compris et défendu leurs intérêts, quand ils auront fait pénétrer parmi les populations ces vérités, qui devraient aujourd'hui être banales : l'association réduit d'autant plus la dépense première, que celle-ci est plus divisée ; elle élargit considérablement les conditions ordinaires du travail, en donnant à ses rapports une puissance toute nouvelle ; en un mot, elle est susceptible de protéger, de vivifier, de féconder — dans des proportions presque indéfinies — les sources mêmes de la production.

Nous avons maintenant à parler des garanties mutuelles que peut demander à l'association le travailleur des campagnes, soit pour l'augmentation de son bien-être, soit contre les éventualités menaçantes pour sa personne ou sa fortune. Ici se présentent des questions seulement solubles par l'emploi d'institutions de prévoyance ou de crédit. De ces institutions, quelques-unes existent déjà ; nous en proposerons une nouvelle, spécialement appropriée aux besoins que fait naître la dépopulation rurale. — En conséquence, nous recommanderons :

1° La caisse d'épargnes mise à la portée de tous les travailleurs agricoles, par les propriétaires eux-mêmes se constituant bienfaiteurs, intermédiaires ou, au besoin, mandataires officieux ;

2° La société de secours mutuels *approuvée*, organisée dans chaque commune rurale par l'initiative, l'influence, la persévérance des propriétaires agrégés comme membres honoraires, et assurant aux ouvriers des campagnes non-seulement l'assistance médicale, en cas de maladie, mais encore des indemnités ayant pour but de compenser la perte occasionnée par l'interruption forcée de travail et de ménager des ressources à la famille et des pensions aux vieillards ;

3° La caisse des retraites pour la vieillesse, vulgarisée par les soins des propriétaires et permettant aux ouvriers agricoles de se préparer, longtemps à l'avance, au moyen du placement des économies réalisées à l'âge de la vigueur et du travail, une pension qui, au déclin de leur vie, les mette à l'abri du besoin ;

4° Enfin, une caisse de prêts agricoles, association des propriétaires et ouvriers ruraux réparatrice de désastres subis, — en favorisant le progrès de la production, en intéressant les travailleurs des campagnes à la culture du sol, — et pouvant permettre, par le moyen le plus simple, la solution radicale, définitive de la grande question de l'ASSURANCE AGRICOLE, d'où dépendent le crédit et l'avenir de la propriété, c'est-à-dire la majeure partie de la richesse nationale.

Ces institutions sont appelées à donner satisfaction à toutes les situations, à tous les intérêts. Il n'est pas de localité, si isolée qu'elle soit, où elles ne puissent exercer une influence décisive. En raison de l'importance du rôle que nous croyons devoir leur attribuer parmi les moyens de lutter contre la désertion rurale, nous leur consacrerons les quatre chapitres suivants.

CHAPITRE VIII.

—

CAISSES D'ÉPARGNES.

Sommaire : But. — De l'influence des caisses d'épargnes sur le
paupérisme. — Progrès en France. — Les caisses d'épargnes
rendent peu de services dans les campagnes. — Préjugés. —
Utilité des caisses d'épargnes pour retenir les travailleurs au
sol. — Comment elles peuvent être mises à la portée de l'ouvrier agricole. — Associations. — Conséquences de l'intervention des propriétaires.

On sait que la caisse d'épargnes reçoit les dépôts
d'argent qui lui sont confiés, et les conserve à la disposition des personnes qui en ont effectué le versement ;
seulement, elle tient compte, lors du remboursement,
de l'augmentation du capital par la cumulation des
intérêts, au taux et suivant le mode déterminés par la loi.

La caisse d'épargnes est donc une sorte de banque
pour les petits capitaux. Il n'est pas de si modique
économie qu'elle ne consente à faire fructifier (1). Par

(1) Aux termes de leurs statuts, toutes les caisses reçoivent à
partir de 1 fr. jusqu'à 300 fr. en un seul versement. Le maximum
des sommes que la même personne peut avoir en dépôt est
de 1,000 fr. (Art. 1ᵉʳ de la loi des 24 mai, 18 et 30 juin 1851.)
Lorsque, par suite du réglement annuel des intérêts, un compte
excède 1,000 fr., si le déposant, pendant un délai de trois mois,
n'a pas réduit son crédit au dessous de cette limite, l'administration de la caisse d'épargnes achète, sans frais, 10 francs de rentes cinq pour cent ou trois pour cent. (Art. 2, id.)

la perpétuité de son fonctionnement, entourée par l'État d'une protection active et efficace, cette institution se recommande particulièrement aux classes laborieuses, dont elle a pour but et pour résultat d'améliorer le sort.

Ce serait une curieuse et bien intéressante étude que celle de l'influence exercée, durant les trente dernières années, sur l'amoindrissement de la misère par l'action des caisses d'épargnes. On constaterait — nous en sommes certain — qu'elles ont contribué, d'une manière très marquée, à prévenir l'extension des habitudes de mendicité et de recours à l'assistance publique, habitudes encore trop répandues au gré de la morale publique, et qui obligent non-seulement l'État, les départements et les communes, mais les populations elles-mêmes, à d'imposants sacrifices (1) consacrés soit à l'aumône, soit à l'entretien des hôpitaux trop souvent encombrés. — Un travail de cette nature nous est interdit : il dépasserait les limites auxquelles nous devons circonscrire nos aperçus. Nous esquisserons, toutefois, à grands traits, les progrès faits, depuis leur fondation, par les caisses d'épargnes de France.

La première de ces caisses qui ait été créée est celle de Paris ; son ouverture remonte à 1818. Jusqu'à 1830,

---

(1) Le budget des sommes annuellement affectées par l'administration à l'assistance, sur les fonds publics, dépasse à coup sûr la somme considérable de plus de 100 millions ; et si l'on pouvait évaluer les ressources distribuées par la charité privée, soit par voie d'aumônes individuelles, soit par les soins des sociétés privées de bienfaisance, qui sait à quel chiffre on atteindrait ? En présence d'un tel mouvement de capitaux consacrés à l'assistance, les résultats sont bien peu sensibles. Quelle force perdue, pourtant, que ces millions ; et comme une bonne moitié au moins pourrait recevoir des destinations moins improductives !...

le nombre des caisses d'épargnes ne fut porté qu'à 12 (1).
Mais, à partir de 1830, le chiffre de ces établissements
augmenta considérablement; au 1er janvier 1852, il
était arrivé à 366. — Il devait sembler, à cette dernière époque, qu'il y eût peu d'espoir de voir se fonder
de nouvelles caisses. Cependant, — sous l'impulsion
énergique du gouvernement impérial, qui ne mar-
chande sa sollicitude à aucune des questions qui peuvent se rattacher au bien-être des classes populaires,
— le mouvement des caisses d'épargnes a encore suivi
une marche ascensionnelle : au 31 décembre 1860, le
nombre des caisses en activité était de 444 (2). Énoncer
ce chiffre, c'est indiquer la faveur croissante dont jouissent les caisses d'épargnes, c'est dire qu'elles répandent
le bien parmi les populations. Mais nous préciserons
bien mieux l'étendue de leur action, en résumant les
résultats généraux de leurs opérations financières
depuis 1835, époque à partir de laquelle ont été périodiquement publiés les comptes-rendus annuels, jusqu'au 31 décembre 1860.

(1) Les villes où furent constituées ces douze premières caisses
sont, par ordre de fondation; Paris (1818), Bordeaux, Metz (1819),
Rouen (1820), Marseille, Nantes, Troyes et Brest (1821), Le
Havre, Lyon (1822), Reims (1823), Nimes (1828). De 1823 à 1828
et pendant l'année 1829, il n'y eut aucune création. — A vrai
dire, on comprend que la Restauration, dont le rapprochement
des classes travailleuses avec la bourgeoisie était de nature à
exciter les craintes, se trouvât médiocrement disposée à encourager le développement d'une institution aussi contraire à ses
tendances et à ses vues.

(2) Il y avait, en outre, à la même époque, 205 succursales. —
Nous empruntons ces renseignements et ceux qui vont suivre au
Rapport présenté à l'Empereur sur les opérations des caisses
d'épargnes en 1860, le dernier publié au jour où nous écrivons.

Relevons, d'abord, qu'en 1835, pour 152 caisses existantes, il y avait, au 1er janvier, 29,937 livrets ; il en fut ouvert, pendant cette même année, 34,621, et soldé 8,390 : restant au 31 décembre, 56,168. Le solde dû aux déposants au 1er janvier était déjà de 11 millions 620,463 fr. 77 c. Il fut effectué des versements, pendant l'année, pour une somme de 17 millions 117,353 fr. 12 c. Les intérêts alloués aux déposants furent de 655,845 fr. 49 c. et les remboursements, y compris les intérêts, de 5 millions 157,261 fr. 95 c. Partant, le solde dû aux déposants, au 31 décembre 1835, était de 24 millions 120,255 francs 88 centimes.

En 1860, 433 caisses étaient en activité. Au 1er janvier, le nombre des livrets existants n'était pas moindre de 1,125,593 ; ouverts dans le courant de l'année, 220,204, dont 8,748 reçus par transfert ; soldés, 136,423 ; restait, au 31 décembre, 1,218,122. Au 1er janvier, le solde dû aux déposants avait atteint le chiffre de 338 millions 584,720 fr. 16 c. ; versements de l'année, 161 millions 764,423 fr. 74 c. Intérêts alloués aux déposants, 12 millions 560,416 fr. 15 c. Arrérages de rentes touchés, 291,605 fr. 23 c. Remboursements effectués, 135 millions 930,172 fr. 87 c. (rentes achetées, espèces, capital, intérêts et arrérages). Solde dû aux déposants, au 31 décembre 1860, — 377 millions 270,992 francs 41 centimes.

Qui ne poursuit d'un coup-d'œil l'intervalle écoulé de 1835 à 1860 ! Quels progrès et quels bienfaits réalisés en faveur des petits capitalistes, des travailleurs ! Et que sera-ce donc, si nous examinons la masse des mouvements de fonds opérés par les caisses d'épargnes, durant cette période de vingt-cinq ans! Car le caractère particulier de ces caisses n'est point — il ne faut pas l'oublier — « d'accumuler, d'enfouir des » millions à la manière de l'avare, pour ne jamais les » déterrer (1); » mais bien, au contraire, de recevoir de simples *dépôts* d'argent, de leur faire produire intérêt et de les rembourser à la demande du déposant, de manière que celui-ci puisse toujours, à bref délai, disposer, s'il en a besoin, du montant de ses économies. Or, sans y comprendre la caisse d'épargnes de Paris jusqu'en 1839 (2), voici l'ensemble des faits généraux qui ont été officiellement constatés entre le 1ᵉʳ janvier 1835 et le 31 décembre 1860 :

Chiffre total
- des comptes ouverts............ 3,746,823
- des comptes soldés........... 2,716,943
- des sommes reçues au nom des déposants............... 2,790,579,850ᶠ 95
- des remboursemᵗˢ effectués (3). 2,704,814,487 10

Ces chiffres parlent d'eux-mêmes. — Qui pourrait scruter et dire toutes les infortunes, toutes les misères, tous les malheurs qui ont été prévenus par les secours

(1) M. Charles Dupin. — Discours.

(2) Le relevé des opérations de la caisse d'épargnes de Paris n'a pas été compris avant 1839, pour les renseignements que nous mentionnons, dans les statistiques officielles annuelles. Nous savons seulement que, depuis sa fondation en 1818 jusqu'en 1844, cette caisse avait ouvert 306,452 comptes, et en avait soldé 328,186; les sommes qu'elle avait reçues, pour le compte des déposants, atteignait 484 millions 057,836 fr. 42 cent., et les remboursements opérés, 884 millions 011,351 fr. 80 cent.

(3) Achats de rentes, versements à la caisse des retraites pour la vieillesse, remboursements en espèces, capital, intérêts et arrérages.

qu'ont opportunément trouvés ces DEUX OU TROIS MIL-
LIONS DE TITULAIRES DE LIVRETS, dans ce roulement de
plus de DEUX MILLIARDS SEPT CENT MILLIONS DE
FRANCS!... Qui ne conçoit, dès lors, combien est grande,
précieuse, immense la ressource de l'épargne, quand
elle peut atteindre à un mouvement de capitaux aussi
considérable?... Et si l'on observe que la caisse d'épargnes est surtout appelée à recevoir des dépôts de la
part des plus médiocres fortunes, des personnes qui
ne sont en position d'économiser que lentement, sou à
sou en quelque sorte; si l'on tient compte aussi de
cette faculté spéciale qu'ont les titulaires de livrets de
retirer, selon les nécessités qui se présentent, tout ou
partie, à leur volonté, des fonds qui leur appartiennent,
— combien plus on apprécie les avantages incontestables d'une institution dont, jusqu'à présent, paraissent avoir à peu près exclusivement profité les habitants
des villes !

Il est remarquable, en effet, que, malgré tout ce qui
a pu être tenté pour propager dans les campagnes
l'usage de la caisse d'épargnes, les travailleurs ruraux
n'ont encore participé que dans des proportions très
restreintes (1) aux bénéfices que leur promettent des
placements de cette nature. A quoi attribuer une pareille indifférence ? L'homme des champs, si du moins
il a quelque moralité, est naturellement porté à la
prévoyance. La possession du sol est pour lui l'unique
but, la seule perspective : pour y atteindre, il ira

(1) Voici, au point de vue de la profession des déposants,
quelle était la répartition des livrets ouverts pendant l'année

jusqu'à se priver du nécessaire, il saura souffrir (1).
Puis, quand il aura amassé quelque argent, il le con-
fiera à un homme d'affaires, ou à une connaissance,
à un voisin, sur hypothèque; peut-être même le
gardera-t-il entre ses mains, le laissant improductif;
la pensée ne lui viendra toujours point de recourir
à la caisse d'épargnes, qui, en lui offrant une garantie plus certaine, lui laisserait la possibilité de le
réclamer, avec l'intérêt, aussitôt qu'il en aurait trouvé
un utile emploi. Le mode de placement qu'il préfère
lui est souvent une source de difficultés, de procès :
ce n'est point une nouveauté de dire que la mauvaise
foi, de notre temps, ne trouve malheureusement que
trop souvent l'occasion de s'exercer dans les affaires
d'argent. Mais il n'importe! le campagnard — je parle,

1860, et du premier versement effectué par chacun des nouveaux
déposants :

	Nombre de livrets.	Crédits.
Ouvriers	77,097	15,185,024 11
Domestiques	37,441	6,081,222 67
Employés	10,679	1,997,565 71
Militaires et marins	9,782	2,587,858 52
Professions diverses	49,710	12,197,695 16
Mineurs	35,226	4,487,117 33
Sociétés de secours mutuels	269	130,383 35
Total	220,204	42,667,866 31

L'élément travailleur domine sans doute ; mais l'ouvrier agricole n'entre que pour une minime proportion dans le chiffre des
déposants.

(1) Dans quelques contrées de la France particulièrement,
les paysans se montrent économes à ce point, qu'en allant à la
ville, ils marchent pieds nus, portant à la main leurs chaussu-
res; ils ne les mettent que lorsqu'ils sont près d'arriver. — Cette
observation prouve, à la fois, et que la condition des travailleurs
ruraux peut être sensiblement améliorée, et qu'il y aurait peu à
faire pour tirer parti d'un esprit de prévoyance si caractérisé.

bien entendu, des moins aisés — s'exposera à perdre le produit de ses économies, plutôt que de s'adresser à la caisse d'épargnes.

Il n'est besoin de chercher ni loin ni longtemps pour découvrir le point de départ d'une pareille conduite. Le paysan ne pèche pas toujours par ignorance absolue. Il sait bien qu'il y a une caisse d'épargnes au chef-lieu d'arrondissement voisin. Mais, quelque brève qu'en soit la distance, il faut se transporter exprès à la ville pour faire les dépôts ; il faut surtout renouveler le voyage à chaque versement ou retrait. La caisse d'épargnes n'est pas assez rapprochée ; elle est d'ailleurs entourée, pour l'homme de la campagne, d'une sorte de mystère, de doute qui éloigne sa confiance. Il est même des gens — dont nous ne voulons pas suspecter la sincérité — qui s'efforcent de tenir la caisse d'épargnes en discrédit, par cette raison — disent-ils — que c'est une chose de l'État, et qu'en y plaçant son argent « on permet au gouvernement de faire ses affaires ! »

Ce sont là de déplorables préjugés. Il suffit, pour les dissiper, d'éclairer les intéressés.

D'abord, quant au caractère de la caisse d'épargnes, serait-ce à dire que, si cette institution relevait exclusivement de l'État, elle serait moins digne de la popularité qui s'est attachée à elle, selon nous, à si juste titre ? Est-ce que la rente est dépréciée, parce qu'elle est servie par l'État ? — Étrange tactique, en vérité, que celle qui consisterait à faire réprouver, par les gens simples des campagnes, l'usage de la caisse d'épargnes, sous le prétexte que le gouvernement

pourrait utiliser les sommes qui y seraient versées !
Qui ne sent l'inanité d'une pareille accusation ? Au
reste, pour démontrer l'erreur, ajoutons que la caisse
d'épargnes est, dans tous les cas, ou le résultat d'une
association, ou un établissement purement communal.
L'État n'intervient que comme *dépositaire* (1), exerçant, en dehors de son action financière, un contrôle
assidu (2), un actif patronage ; et ce sont ces conditions
mêmes qui font à la caisse d'épargnes un double rem-
part contre tout soupçon d'insécurité.

Pour le mystère qui, d'après certaines personnes,
envelopperait les opérations de l'institution qui nous
occupe, il sera bientôt éclairci quand on aura fait
connaître, à ceux qui l'ignoreraient, le système d'administration imposé par la loi. Outre le caissier respon-
sable, chaque caisse d'épargnes a un conseil d'administrateurs ou un comité de directeurs (3) dont les
membres sont tous domiciliés au chef-lieu du siége
même de la caisse, et choisis parmi les personnes
les plus marquantes, les plus honorables. Chaque directeur ou administrateur, à tour de rôle,
assiste aux opérations hebdomadaires : sa présence

(1) Les fonds des caisses d'épargnes sont versés, à mesure des
recouvrements, dans la caisse des dépôts et consignations (loi
du 31 mars 1837), et en sont retirés quand il en est besoin,
pour répondre aux demandes de retrait formulées par les por-
teurs de livrets. Depuis le 1er juillet 1853, l'intérêt bonifié par
la caisse des dépôts et consignations a été fixé à 4 pour cent.
(Art. 1er de la loi du 7 mai 1853.)

(2) Voir le décret du 15 avril 1852 qui détermine le mode de
surveillance de la gestion et de la comptabilité des caisses
d'épargnes.

(3) Même décret.

est indispensable pour que le caissier puisse recevoir ou rembourser. Il en résulte un contrôle incessant, qui rend impossible tout abus préjudiciable aux déposants. Or, voici ce que, dans son rapport à l'Empereur sur les caisses d'épargnes en 1859, disait S. Exc. M. Rouher, ministre de l'agriculture, du commerce et des travaux publics, en indiquant combien ces hommes dévoués avaient contribué à la prospérité de l'institution : « La meilleure part de son succès » est due au concours que lui prêtent partout les » hommes les plus distingués, en tenant à honneur » de se charger de sa gestion. Les fonctions des di- » recteurs et des administrateurs des caisses d'épar- » gnes sont parfois difficiles, souvent ingrates, toujours » assujettissantes; elles ne procurent aucune rému- » nération ni même aucune récompense honorifique; » et, en tous lieux, elles sont remplies avec une » parfaite exactitude, une complète abnégation, une » haute intelligence. De là vient le respect universel » qui entoure les caisses d'épargnes et qui donne » tant de force à leur crédit. » Qu'ajouter à de telles paroles? Certes, il n'est pas difficile de détruire les appréciations erronées qui peuvent naître dans l'esprit des travailleurs ruraux. Les conditions dans lesquelles fonctionnent les caisses d'épargnes sont très simples, et il n'est pas de propriétaires un peu intelligents qui ne soient en état de les saisir : qu'ils répandent autour d'eux la vérité; qu'ils fassent ressortir la nécessité de la prévoyance!

Reste seulement la question de l'éloignement. Cette question est en apparence plus grave. — Ainsi que nous l'avons dit, l'habitant pauvre ou peu aisé, l'ouvrier des campagnes s'efforce, avant tout, quand il est probe et laborieux, d'amasser, d'accumuler sou par sou, centime par centime, tous les excédants du produit de son salaire ou de son travail. La plupart du temps, on le comprend, il thésaurise lentement : il lui faut un assez long intervalle pour parvenir à réaliser un chiffre modique d'économies. Ira-t-il, au fur et à mesure, les porter à la caisse d'épargnes ? Mais, répétons-le, il sera obligé, pour cela, de se rendre au siége même de la caisse. Les bureaux, à la vérité, ne sont ouverts que le dimanche ; il pourra profiter de cette journée. Toujours est-il qu'il sera obligé à une dépense, soit pour les moyens de locomotion, si la distance à parcourir le nécessite, soit pour sa nourriture. Or, cette dépense réduira d'autant son avoir. Il renoncera donc à la caisse d'épargnes, avec d'autant moins de regret que les fausses idées qu'il s'en est faites stimuleront d'autant moins sa confiance. Il ne faut pas le méconnaître, cependant : la caisse d'épargnes, popularisée parmi les travailleurs ruraux comme elle l'est parmi les ouvriers de l'industrie, serait un lien sérieux pour attacher au sol les bras nécessaires à sa culture. Pour la faire concourir sérieusement à ce but, que faut-il ? Uniquement de la bonne volonté. Le travailleur agricole hésite à bénéficier de la caisse d'épargnes, par ce motif unique, qu'elle n'est pas assez immédiatement à sa portée, sous sa main. Eh bien ! nous ferons appel à tous les propriétaires éclairés, honnêtes, moraux, ayant la conscience de leurs véritables intérêts, qui sont les intérêts généraux de la propriété, et nous leur dirons : — Puisque le paysan et la caisse d'épargnes sont aujourd'hui éloignés l'un de l'autre, rapprochez-les ; votre intervention peut faire disparaître toute distance : veuillez, et ce but sera atteint !

Et, de fait, toute personne majeure et jouissant de ses droits civils est autorisée à servir d'intermédiaire entre la caisse d'épargnes et les déposants réunissant les mêmes conditions. Or, pour les dépôts, aucun mandat spécial n'est nécessaire à l'intermédiaire ; il lui est loisible d'agir, en vertu des articles 1372, 1937 et 1985 du code Napoléon, soit comme gérant volontairement les intérêts d'autrui, soit, enfin, comme ayant reçu un mandat verbal. Ainsi, le dépôt est admis quels que soient et la qualité et les titres de l'intermédiaire ; celui-ci a même la faculté d'intervenir comme le bienfaiteur d'un tiers, auquel il veut faire une libéralité. Pour les remboursements ou retraits, il est naturel qu'ils soient soumis à des règles moins libérales. Ici, il est d'obligation, pour l'intermédiaire, d'être pourvu d'une procuration contenant en termes exprès, le pouvoir de *recevoir* de la caisse d'épargnes ; moyennant cette procuration (1), il se trouve entièrement substitué à son mandant.

De la sorte, on le voit, quelque soit l'éloignement de la caisse d'épargnes, il dépend de tous les hommes de

(1) Elle doit être sous seing privé et est dispensée de timbre et d'enregistrement ; les déposants qui ne savent pas signer n'ont qu'à se présenter devant le maire de leur commune, pour faire leur déclaration. Des modèles de procurations sont remis gratuitement à ceux qui en font la demande, par les caissiers des caisses d'épargnes.

bon vouloir et de dévouement aux intérêts agricoles de faciliter, de ménager l'accès de cet établissement aux ouvriers ruraux. Aux propriétaires, — nous ne saurions trop le dire, — aux propriétaires de comprendre combien il est devenu important d'arrêter la dépopulation. Il leur serait aisé de réaliser, sous ce rapport, beaucoup de bien à peu de frais. Leurs loisirs leur permettent de se déplacer ; ils vont fréquemment dans les villes, pour affaires ou toute autre raison. Qu'après avoir répandu, vulgarisé autour d'eux la connaissance des avantages qui dérivent de la caisse d'épargnes, ils s'offrent à leurs voisins peu aisés ou pauvres, à leurs ouvriers, à leurs domestiques, comme intermédiaires entre eux et cette institution économique et bienfaisante. Nous ne doutons pas qu'avec un peu de persévérance dans leurs efforts, ils n'arrivent à neutraliser, à empêcher le développement de la crise qui les frappe déjà et qui les menace, pour un avenir peu lointain, de bien plus graves désastres.

Nous pensons, au surplus, que leur initiative pourrait être plus efficace, leur action plus énergique, s'ils consentaient à joindre l'exemple au précepte. Ainsi, dans certaines contrées, il est d'usage que les propriétaires accordent des gratifications aux personnes qui, durant l'année, ont été attachées à l'exploitation de leurs domaines. Cette habitude est excellente ; pourquoi ne la point généraliser ? Pourquoi les propriétaires ne s'entendraient-ils pas, afin d'encourager ceux de leurs travailleurs dont les services mériteraient une récompense spéciale, par la conversion en un livret de la caisse d'épargnes de la prime pécuniaire qui, au bout de l'an, serait destinée à chacun d'eux? Pourquoi — se réunissant en une intention commune — ne promettraient-ils pas de doubler, ou tout au moins d'augmenter, dans certaines conditions et jusqu'à certaines limites, les versements que feraient volontairement les ouvriers laborieux et économes, de manière à stimuler chez ceux-ci la prévoyance et tous les bons sentiments qu'elle fait naître? Pourquoi même ne s'appliqueraient-ils pas à créer, entre eux, des associations particulières, dont le but serait de former une sorte de fonds de dotation exclusivement réservé à favoriser la propagation de la caisse d'épargnes? Ces diverses applications de l'association sont d'autant plus faciles que, par leur simplicité même, elles n'exigeraient aucun contrat préalable; il suffirait, le plus souvent, d'un accord verbal pour déterminer les règles suivant lesquelles auraient lieu les versements supplémentaires. Il y aurait là, croyons-nous, des germes féconds de progrès pour le bien-être des populations rurales, et aussi de prospérité pour l'agriculture. Nous appelons donc sur ce point toute l'attention des propriétaires.

Le placement à la caisse d'épargnes peut être l'un des moyens les plus actifs pour arrêter l'émigration des campagnes. Il faut que l'ouvrier agricole soit intéressé à se fixer au sol. La caisse d'épargnes lui permet essentiellement d'économiser. Lorsque l'argent demeure dans le ménage, il se présente toujours des occasions trop fréquentes de dépense, des entraînements auxquels la volonté même la plus robuste ne sait pas résister : la petite somme qu'on avait mise de côté s'en va — sans pour ainsi dire qu'on s'en aperçoive ; on n'y eût point touché, si elle eût été à la caisse d'épargnes. — Nous connaissons — dans des villes, il est vrai, — des familles qui, avant d'avoir pratiqué la caisse d'épargnes, n'avaient jamais pu faire la moindre économie. Engagées par un premier versement, elles en ont effectué d'autres. Leurs réserves se sont accrues peu à peu. Autrefois en location, elles ont réussi, en accumulant des sommes modiques, à réaliser 1,000 fr., 1,500 fr., quelquefois 2 ou 3 mille francs, avec lesquels elles ont acheté, successivement, d'abord une chambre, puis deux, enfin la petite maison tout entière, parfois avec un jardin. Les mêmes faits se produiraient assurément dans les campagnes. Et l'ouvrier agricole — quand il aurait pu acquérir quelques lopins de terre et une maisonnette pour y établir son habitation — se trouverait riche ; il ne penserait plus alors à abandonner ses foyers, c'est-à-dire cette petite aisance, fruit de ses labeurs et de sa bonne conduite.

De la sorte, plusieurs résultats importants seraient en même temps obtenus par l'intervention des propriétaires ; outre le bénéfice direct qu'en recueillerait l'agriculture, les idées de moralisation, d'ordre, de famille, de patriotisme seraient éveillées chez le travailleur agricole par l'attrait de la possession, et en même temps, une émulation profitable aux intérêts publics et privés ; mais surtout de tels actes auraient pour effet de provoquer un sentiment de reconnaissance pour les détenteurs de la propriété, sentiment aujourd'hui remplacé par celui d'un froid égoïsme, d'une jalousie déraisonnée peut-être, mais sûre... Et

la reconnaissance est bien près de devenir du dévouement...

Que les propriétaires n'oublient jamais ces paroles
d'un orateur célèbre (1); elles résument, en quelques
mots, toute la portée, toute l'étendue des services
rendus par les caisses d'épargnes : « La classe ouvrière
» y trouve une sollicitation puissante et quotidienne
» à l'ordre et à la prévoyance par les avantages que
» les plus petites économies lui assurent et lui ren-
» dent sensibles ; une assurance contre les maladies,
» les accidents, la cessation du travail ; une réserve
» pour tous les événements prévus et imprévus de la
» vie ; une garantie morale, enfin, contre l'oisiveté, le
» désordre, la débauche et tous les vices qui absor-
» bent trop souvent son superflu et ne lui laissent
» que des regrets tardifs, l'indigence et le désespoir ».
Ces paroles, pour avoir été dites il y a plus de vingt
ans, n'en sont pas moins encore l'expression de la
vérité. Il est temps que leur application s'étende des
ouvriers des villes aux travailleurs non moins intéressants des campagnes.

(1) M. de Lamartine.

CHAPITRE IX.

SOCIÉTÉS DE SECOURS MUTUELS.

SOMMAIRE. But matériel et moral. — Popularité. — Rapprochements : 1852 et 1860. — Supériorité des sociétés de secours
mutuels. — Distinctions. — Avantages de l'approbation. —
Situation des sociétés approuvées. — Leur utilité spéciale
dans les campagnes. — Réfutation d'objections. — Fonds de
retraites. — La création, par les soins des propriétaires, de
sociétés approuvées, en vue d'arrêter la dépopulation rurale.

De toutes les institutions bienfaisantes basées sur
la prévoyance, celle qui, infailliblement, doit influer
le plus rapidement sur le progrès du bien-être et de
l'émancipation des classes pauvres, c'est l'institution
des sociétés de secours mutuels. La haute protection
que le gouvernement impérial accorde à ces associations leur est un gage assuré d'avenir. « Après le
premier devoir, — disait S. Exc. M. le comte de
Persigny, ministre de l'intérieur, dans une circulaire
mémorable (1), — après le premier devoir de maintenir l'ordre par la sévère exécution des lois, de com-

(1) Instruction générale pour l'exécution du décret du 26
mars 1852, relatif aux sociétés de secours mutuels. — 29 mai
1852.

battre l'anarchie partout où elle menace la sécurité publique, il n'est pas pour le gouvernement de mission plus haute et plus importante que de travailler au bien-être des populations laborieuses ; de diminuer leurs chances de malaise et de souffrance, et de leur faciliter, après un long travail, le repos et une vieillesse honorée. Les sociétés de secours mutuels aident puissamment à cette mission ; elles rendent les maladies et les infirmités moins ruineuses et moins meurtrières ; elles rapprochent les hommes par la mutualité des services et de l'affection. Enfin, elles tendent à substituer, peu à peu, la prévoyance, qui élève et moralise, à l'assistance publique sur laquelle pèsent déjà de si lourdes charges. » Et si nous ajoutons — avec la commission supérieure d'encouragement et de surveillance des sociétés de secours mutuels — que « l'association doit appeler dans le domaine de l'intelligence et de la science la fortune, le talent et la réputation des uns à protéger l'inexpérience, le malheur, l'obscurité des autres, comme elle appelle, dans la région du travail, la force, la santé, la jeunesse au secours des malades, des infirmes et des vieillards (1), » — nous serons bien près d'avoir défini le double rôle, matériel et moral, qu'ont à remplir les sociétés de secours mutuels.

Ces associations sont aujourd'hui répandues dans les villes. Le bien qu'elles y font est généralement reconnu. Nous nous contenterons, pour finir d'expo-

----

(1) *Rapport à l'Empereur* sur la statistique des sociétés de secours mutuels pendant l'année 1858.

ser leur but, d'emprunter le passage suivant à un savant économiste dont les écrits ont acquis une grande et incontestable autorité : « Le but des sociétés de secours mutuels — a écrit M. Frédéric Bastiat, de regrettable mémoire (1), — est une répartition, sur toutes les époques de la vie, des salaires gagnés dans les bons jours. Les associés s'y sentent soutenus par le sentiment de la sécurité, un des plus précieux et des plus consolants qui puissent accompagner l'homme dans son pèlerinage ici-bas. De plus, ils sentent tous leur dépendance réciproque, l'utilité dont ils sont les uns pour les autres ; ils comprennent à quel point le bien et le mal de chaque individu ou de chaque profession deviennent le bien et le mal communs ; ils se rallient autour de quelques cérémonies religieuses prévues par leurs statuts ; enfin, ils sont appelés à exercer les uns sur les autres cette surveillance vigilante si propre à inspirer le respect de soi-même en même temps que le respect de la dignité humaine, ce premier et difficile échelon de toute civilisation... »

Le cercle dans lequel se meuvent les sociétés de secours mutuels ne manque pas, on en conviendra, d'une certaine grandeur. Cependant, pour si large qu'il soit, il n'est point absolument circonscrit aux limites qui viennent d'être indiquées : nous l'avons établi ailleurs, l'association, bien comprise, est susceptible d'applications aussi multiples que les besoins qui peuvent se produire. « La mutualité est féconde — a dit la commission supérieure d'encouragement et de

_____

(1) *Harmonies économiques.*

surveillance que nous citerons souvent (1) — et l'on ne peut qu'applaudir aux essais tentés avec succès dans ces derniers temps pour agrandir son influence et étendre ses bienfaits. La fondation d'écoles pour les enfants des sociétaires, le patronage des apprentis et des jeunes ouvriers, la caisse pour les orphelins, la création de bibliothèques, etc., ont mérité l'approbation du gouvernement et la faveur de l'opinion publique. Les fêtes mêmes qui appellent le concours des arts et font goûter aux sociétaires les plaisirs délicats de l'intelligence (2) sont d'heureux accessoires aux assemblées générales ; mais il ne faut pas oublier que les revenus ordinaires de l'association ont une autre destination, et que les sociétés qui veulent arriver à ce luxe de la mutualité doivent en prélever les frais sur des ressources spéciales et extraordinaires. »

En de pareilles conditions, il n'est pas surprenant que l'institution ait acquis, dans les villes, une si rapide popularité. « Les comptes-rendus publiés annuellement par les sociétés de secours mutuels sont d'accord avec les chiffres, et annoncent que le progrès moral est en harmonie avec l'augmentation du nombre et la richesse des sociétés. Elles gagnent dans l'opinion publique par l'effet seul de leur durée, et le temps est le plus puissant auxiliaire. — Qui pourrait, en effet, contester l'utilité d'une société de secours mutuels après quelques années d'exercice ? Là même où, dans les premiers jours de la fondation, il avait fallu, à force

(1) *Rapport à l'Empereur.* — Année 1860.
(2) Voir plus haut, chap. VI, page 96.

de promesses, triompher des incertitudes, de l'indifférence et de cet esprit soupçonneux qui se défie de tout ce qu'il ne connaît pas, et suppose trop souvent quelque piège caché sous l'apparence d'un bienfait, le fonctionnement, pendant quelques années, d'une société bien organisée a modifié ces dispositions. L'ouvrier qui auparavant voyait la misère entrer dans sa maison, à la suite de la maladie, et emportait à l'hôpital, avec le sentiment de ses souffrances, la pensée plus triste encore de la ruine de sa famille, voit maintenant, dès qu'il est malade, accourir auprès de son lit le médecin qui guérit, l'ami qui console, et reçoit de ses associés l'indemnité quotidienne, intérêt légitime de sa cotisation, et salaire de sa prévoyance. — Au lieu d'une vieillesse trop souvent abandonnée et sans ressources, il aperçoit dans l'avenir des chances de bien-être que chaque année augmente, et quelquefois même il recueille des avantages que le règlement ne promettait pas (1). » — Aussi « l'expérience des dernières années n'a pas seulement triomphé de la résistance de ceux pour qui les sociétés de secours mutuels étaient faites ; elle a aussi dissipé des préventions d'un autre ordre et d'une autre portée. Ce n'est pas sans une certaine inquiétude que plus d'un administrateur, plus d'un homme de bien, ont vu se développer et pénétrer partout les sociétés de secours mutuels. Il y avait contre les abus de l'association de tristes souvenirs qui n'étaient pas loin de nous. Mais après l'épreuve de huit années, lorsque plus de deux mille sociétés approu-

(1) *Rapport à l'Empereur.* — Année 1858.

vées fonctionnent sans qu'une plainte puisse s'élever
contre leur conduite, un soupçon contre leur tendance ;
lorsque, chaque jour, sous leur influence, tous ceux
qui leur appartiennent grandissent en moralité, en
prévoyance, en amour du travail, chacun doit applaudir à la pensée à la fois chrétienne et politique qui a su
tirer des associations ouvrières un élément d'ordre, de
dignité et de moralisation (1). »

C'est ainsi que s'expliquent les accroissements successifs du nombre des sociétés de secours mutuels et
de leurs ressources, depuis que le pouvoir, au lieu de
les laisser livrées à leurs seules forces, leur est venu
en aide, en les couvrant d'un efficace patronage (2).

En 1852, on n'avait constaté l'existence que de
2,438 sociétés. — Le chiffre de leurs membres ne dé-
passait pas 254,472 : — 20,192 membres honoraires,
et 234,280 membres participants. Le nombre des femmes agrégées ne s'élevait, au 31 décembre de la même
année, qu'à 26,181. Le capital formé par les fonds de
réserve annuellement accumulés était de 9 millions
649,660 fr. 98 c.

Au 31 décembre 1860, il existait 4,327 sociétés,
comprenant 559,820 membres, dont 65,137 honoraires
et 494,683 participants (3) : ces derniers se divisaient

(1) *Rapport à l'Empereur*, — Année 1858.

(2) « Le gouvernement intervient dans les sociétés de secours
mutuels, non pour mettre sa main puissante à la place de l'é-
nergie individuelle, mais pour encourager les individus à devenir,
par l'association, plus forts, plus heureux et meilleurs. » (*Id.* 1860.)

(3) « La comparaison de ces chiffres avec ceux de l'année précédente présente, pour l'année 1860, une augmentation de
209 sociétés et de 25,584 membres. » (*Id.* 1860.)

en 419,283 hommes et 75,400 femmes. L'avoir total des sociétés, y compris le fonds de retraite, s'élevait à la somme de 25 millions 404,037 fr. 77 c.

Le rapprochement de ces deux termes d'une période embrassant seulement huit années suffit à démontrer l'énorme développement qu'ont déjà pris les sociétés de secours mutuels. Il en résulte, en effet, que le nombre total de ces associations s'est trouvé à peu près doublé. Une augmentation analogue a eu lieu dans le chiffre général des membres ; mais la progression des membres honoraires a été beaucoup plus sensible : leur nombre a plus que triplé. Celui des femmes admises s'est accru dans un rapport de près de 288 pour cent. Le montant total de la fortune des sociétés, enfin, en s'élevant de 9 millions 649,660 fr. 98 c. à 25 millions 404,037 fr. 77 c., a atteint une proportion d'accroissement d'environ 264 pour cent. Ce sont là les meilleurs témoignages à invoquer pour établir avec quel empressement sont recherchées, partout où elles ont pu être appréciées, des associations qui, aux yeux de tous les gens de bien, sont si dignes d'exciter les sympathies universelles.

Nous pourrions — en continuant ces comparaisons — faire ressortir, d'une manière plus frappante sans doute, la faveur toujours croissante dont jouit l'institution dans les centres populeux : nous y renonçons, ne voyant pas la nécessité d'appuyer davantage sur un point qui ne saurait soulever le moindre doute dans aucun esprit. Qu'il nous soit permis de restreindre à cet égard nos derniers chiffres dans cette constatation

Les recettes de l'année 1860, pour toutes les sociétés,
ont été de. . . . . 9,206,751 fr. 14 c.

Et les dépenses de. 7,065,553   91

Excédant des recettes sur les
dépenses. 2,141,197   23 (1).

Est-il besoin d'insister sur la force que donne à
l'association mutuelle la possibilité de disposer annuellement, en faveur de ses adhérents, d'une somme de
plus de NEUF MILLIONS? Il est facile de saisir, par la
pensée, — en tenant compte surtout des conditions
avantageuses dans lesquelles cette somme est employée,
— toute l'étendue des secours qui peuvent être dispensés : il y a tant de familles dont la vie dépend du
travail, et qui, sans les ressources de la mutualité, se
trouveraient aux prises avec la misère et le désespoir !

Mais ce qui distingue surtout les sociétés de secours
mutuels, c'est leur supériorité sur tout autre établissement privé ou public de bienfaisance. Dans ces
associations, nul scrupule, nulle honte ne doit retenir
celui qui reçoit assistance. En état de bonne santé,

(1) Voici le détail des recettes et dépenses :

RECETTES.
1° Souscriptions des membres honoraires. . . . 758,862 68
2° Subventions, dons et legs. 481,608 74
3° Intérêts des fonds placés. 795,662 71
4° Cotisations des membres participants. . . . 6,223,250 47   9,206,751 14
5° Droits d'entrée. 297,152 70
6° Amendes. 139,480 01
7° Recettes diverses. 400,343 83

DÉPENSES.
1° Indemnités aux malades. 2,794,297 28
2° Honoraires des médecins. 918,468 32
3° Médicaments. 972,093 51
4° Frais funéraires. 280,957 68
5° Secours aux veuves et aux orphelins. 484,825 66   7,065,553 91
6° Pensions d'infirmités et de vieillesse. . . 714,375 45
7° Frais de gestion. 419,844 81
8° Frais de mobilier, frais de fêtes et cérémonies. 387,930 75
9° Dépenses extraordinaires et imprévues. . . . 391,733 45

ses épargnes, versées à la caisse sociale, ont servi à soulager ses coassociés malades ; à son tour, n'est-il pas juste que, par réciprocité, il puisse recueillir les fruits de la prévoyance commune ? L'association, dans les sociétés de secours mutuels, est l'exercice permanent d'une bienveillante confraternité.

Si, à côté de ces résultats si remarquables, si importants au point de vue du développement du bien-être et de la moralité dans les villes privilégiées, il y a lieu d'exprimer quelques regrets, c'est que les sociétés de secours mutuels ne soient pas encore plus nombreuses, c'est qu'elles n'aient pas pénétré dans toutes les localités — sans exception. Car, partout, il existe des familles qui, en raison de leur position, y trouveraient, à certains moments donnés, un préservatif contre des maux en présence desquels elles sont habituellement sans remède et sans énergie. Il y a, en France, 2,398 chefs-lieux de cantons et 37,510 communes (1). Le nombre des sociétés de secours mutuels, au 1er janvier 1861, n'était que de 4,327. Il en résulte qu'il n'y avait pas tout-à-fait deux sociétés pour chaque canton ; et — en admettant que chacune des sociétés fût spéciale à une commune distincte — il n'y aurait eu qu'une seule société pour chaque groupe de *neuf* communes. Mais notre hypothèse, toute défavorable qu'elle soit, n'est pas admissible : un petit nombre de villes revendiquent, avec raison, la plus grande part peut-être des 4,327 sociétés accusées par la statistique officielle (2).

(1) Dénombrement officiel de la population en 1861.

(2) Il est peu de grandes villes qui n'aient au moins plusieurs sociétés. Quelques-unes en ont un très grand nombre : par

La proportion d'une société sur neuf communes, que nous venons d'indiquer, doit donc être encore diminuée.

Ce simple exposé démontrera, nous en avons l'espoir, à tous les gens de bien la nécessité de pousser, en tous lieux, à la propagation des sociétés de secours mutuels. C'est à une coalition contre les maladies qui frappent inopinément les classes laborieuses que nous les convions. La mutualité, basée sur l'épargne, est la meilleure arme à opposer aux envahissements du paupérisme. Quand elle sera devenue — et il est vivement à désirer qu'il en soit bientôt ainsi — la règle généralement adoptée par les familles ; quand on pourra dire qu'il n'y a pas de ville, pas de commune qui ne soit dotée d'une société de secours mutuels, alors le règne de la misère sera près de finir, car il n'y aura plus d'obstacle à la disparition de la pauvreté.

Mais venons-en à préciser le caractère propre à chacune des catégories d'associations qui peuvent se former, en prenant pour base la mutualité des secours et des soins en cas de maladie. Il y a deux sortes de sociétés de secours mutuels : les sociétés *libres*, les sociétés *approuvées*. Les sociétés libres sont celles qui, généralement fondées avant la loi du 15 juillet 1850

exemple, Marseille, 187 (de toute nature) ; Lyon, 152 (id.) ; Paris, 110 (*approuvées*) ; Bordeaux, 25 (*id.*) ; Nantes, 19, etc., etc. — Par contre, d'après le dernier rapport de la commission supérieure, il est plusieurs départements qui n'ont qu'un nombre insignifiant de sociétés : les trois nouveaux départements n'en avaient point au 31 décembre 1860 ; la Corse, la Haute-Loire, la Haute-Marne n'en avaient qu'une ; le Cantal, la Corrèze, 2 ; la Lozère, le Morbihan, 3, etc.

ou le décret du 26 mars 1852, n'ont point mis leurs statuts en harmonie avec la législation sur la matière, et, par conséquent, ne tiennent leur existence que d'une simple autorisation préfectorale. Elles sont régies par le droit commun; et, quoique obligées de fournir annuellement le compte-rendu de leurs opérations, elles ne sont admises à participer à aucune des faveurs du gouvernement. Les sociétés approuvées sont celles dont les statuts, conformes aux règles tracées par le décret précité du 26 mars, sont revêtus, sous une forme déterminée, de l'*approbation* par arrêté spécial du préfet. C'est de celles-ci exclusivement que nous recommandons la création dans les communes rurales.

L'approbation, en effet, assure aux sociétés auxquelles elle est conférée divers avantages; les voici :

1° Droit de prendre des immeubles à bail; de posséder des objets mobiliers et de faire tous les actes relatifs à ces droits (article 8 du décret du 26 mars 1852);

2° Faculté de recevoir, avec l'autorisation du préfet, des dons et des legs mobiliers dont la valeur n'excède pas 5,000 fr. (idem);

3° Droit à la fourniture gratuite par la commune — ou, en cas d'insuffisance des ressources de la commune, par le département — des locaux nécessaires pour les réunions, ainsi que des livrets et registres nécessaires à l'administration et à la comptabilité (art. 9, id.);

4° Droit à la remise des deux tiers sur les convois, là où il existe un droit municipal (art. 10, id.);

5° Droit à l'exemption des frais de timbre et d'enregistrement pour tous les actes intéressant les sociétés (art. 11 du décret.) ;

6° Pouvoir au bureau de la société de délivrer, à chaque sociétaire participant, un diplôme servant de passeport et de livret, sous les conditions déterminées par un arrêté ministériel (1) — (art. 12, id.) ;

7° Faculté de faire aux caisses d'épargnes des dépôts de fonds égaux à la totalité de ceux qui seraient permis au profit de chaque sociétaire individuellement (2) — (art. 14, id) ;

8° Faculté de verser dans la caisse des retraites, au nom de leurs membres actifs, les fonds restés disponibles à la fin de chaque année (3) — (id.) ;

9° Tutelle d'une commission supérieure d'encouragement et de surveillance (4) — (art. 19, id.) ;

(1) Arrêté ministériel du 5 janvier 1853.

(2) Nous avons dit ci-dessus, page 145, à la note, que chaque déposant peut verser en une seule fois, dans la caisse d'épargnes, une somme de 300 fr. Par conséquent, chaque société a le droit de verser, en une seule fois, autant de 300 fr. qu'elle a de membres participants. (Décision publiée au *Bulletin des sociétés de secours mutuels*, 4e année, page 35).

(3) Aux termes d'une circulaire du ministère de l'intérieur, en date du 24 mars 1856, les versements à effectuer dans la caisse des retraites doivent particulièrement être prélevés sur le produit des souscriptions des membres honoraires. Il est essentiel, dans tous les cas, que les sociétés conservent un fonds de réserve suffisant.

(4) Cette commission est nommée par S. M. l'Empereur. Son intervention dans la direction donnée à l'organisation des sociétés nouvelles et à l'amélioration des anciens statuts a beaucoup contribué au progrès des associations. En faisaient partie, au 31 décembre 1861, S. Exc. M. le comte de Persigny, ministre de l'intérieur, *président* ; S. Exc. M. Rouher, ministre de l'agriculture, du commerce et des travaux publics, *vice-président* ; MM. Amédée Thayer, sénateur ; De Chazelles et Auguste Cheva-

10° Droit de concourir à la distribution de récompenses et distinctions honorifiques (1) aux membres honoraires ou participants qui en paraissent les plus dignes (art. 19 du décret) ;

11° Faculté de recevoir des subventions de l'État (2), du département et des communes ;

12° Droit de constituer des fonds de retraite (décret du 26 avril 1856).

En échange de ces privilèges, le gouvernement impose aux sociétés approuvées les obligations suivantes, qui leur sont autant de garanties :

1° Admission des membres honoraires (art. 2 du décret du 26 mars 1852) ;

2° Nomination du président par l'Empereur (art. 3, id) ;

lier, députés au corps législatif ; Thuillier, conseiller d'État, directeur général au ministère de l'intérieur ; Guillemot, directeur général des caisses d'amortissement et des dépôts et consignations ; le vicomte de Melun ; Peupin, directeur adjoint des dons et secours ; Gaillardin, professeur au lycée Louis-le-Grand ; Cazeaux, inspecteur général de l'agriculture ; de Martres, chef de division au ministère de l'intérieur, *secrétaire*, et Charles de Franqueville, auditeur au conseil d'État, *secrétaire-adjoint*.

(1) Trois distributions ont eu lieu, depuis 1852 : la première, en 1854 ; la seconde, en 1857, et la troisième en 1860. — Cette dernière année, il a été décerné : « 2 croix d'honneur, 26 médailles d'or, 104 médailles d'argent, 173 médailles de bronze et 14 mentions honorables. » *(Rapport à l'Empereur — Année 1860 — 31 octobre 1861.)*

(2) Les subventions sont prélevées sur le fonds de dotation de 10 millions établi par les décrets des 22 janvier et 27 mars 1852, et réglementé par le décret du 28 novembre 1853. Elles sont accordées aux sociétés nouvelles pour leur permettre de faire face à leur frais de premier établissement et à celles qui, par suite de maladies trop nombreuses ou de charges exceptionnelles imprévues, voient leurs dépenses dépasser leurs recettes. — Elles sont, enfin, destinées à encourager la création et l'augmentation des fonds de retraites.

3° Versement dans la caisse des dépôts et consignations — au taux d'intérêt de 4 1/2 pour cent par an — du montant de l'encaisse excédant 3,000 francs, lorsque la société a plus de cent membres, ou, si elle en a moins, de tout excédant au-dessus de 1,000 francs (art. 13, id);

4° Enfin, approbation préalable par le préfet (pour Paris seulement par le ministre de l'intérieur) des statuts et de toutes modifications y apportées (art. 7 et 15, id).

L'énonciation seule des avantages fait ressortir leur importance pour les communes qui n'ont pas de grandes ressources. Quant aux obligations, nous avons dit qu'elles constituaient des garanties au profit des sociétés. Ceci nous paraît demander quelques explications; nous suivrons l'ordre de la dernière énumération qui précède.

La présence de membres *honoraires* est très utile dans les associations de secours mutuels. Voici ce qu'écrivait S. Exc. M. le comte de Persigny, ministre de l'intérieur, dans son instruction générale du 29 mai 1852 — déjà citée : «.... Composées seulement de membres participants, non-seulement les sociétés sont trop restreintes dans leurs ressources et par conséquent dans les secours qu'elles procurent, mais elles prennent trop souvent un caractère d'exclusion et d'hostilité tout-à-fait contraire à l'objet de leur fondation; elles favorisent ces préjugés funestes, qui font dans la société deux camps au lieu d'une seule patrie, deux tribus au lieu d'une seule famille, et séparent les hommes qu'elles avaient pour but de réunir. — Les membres honoraires, en augmentant les recettes sans rien ajouter aux dépenses, multiplient le bien qui revient aux membres actifs, et les font profiter de lumières et d'expériences qui manquent trop souvent aux ouvriers, et dont l'absence a entraîné la perte de tant d'associations exclusives. »

Pour la nomination, déférée à S. M. l'Empereur, des présidents des sociétés approuvées, cette réserve nous paraît on ne peut mieux justifiée par le passage ci-après du même document : « Mais la protection la plus efficace, celle qui influe de la manière la plus heureuse sur l'avenir d'une société de secours mutuels, c'est le bon choix d'un président. Le Prince a voulu s'en réserver la nomination comme un témoignage du haut intérêt qu'il porte au progrès de cette institution.... — Le président d'une société de secours mutuels doit allier à l'autorité, aux lumières qui imposent le respect, le dévouement qui appelle l'affection. Cet honneur appartient à l'homme de bien dont le zèle impartial et désintéressé n'a jamais su faire de son influence une arme de parti ni un moyen de faveur, et il ne remplira ses fonctions d'une manière utile à tous que s'il est désigné d'avance par l'honorabilité de sa vie et surtout par le bien qu'il a déjà fait. — Le président est placé à la tête de l'association pour la garantir contre les défiances, la défendre contre les abus ; il répond aux sociétaires de la protection et de la bienveillance du gouvernement, au gouvernement de la sage et bonne direction de la société ; mais il n'enlève rien à celle-ci de sa liberté dans le choix de son bureau et de ses membres ; la gestion des fonds, l'administration des affaires resteront toujours entre les mains de ceux à qui leurs associés en auront confié le mandat. »

Les versements dans la caisse des dépôts et consignations des excédants au dessus de 3,000 fr. ou de

1,000 seulement, selon le nombre des associés, est également une mesure toute dans l'intérêt de la stabilité de l'institution. En effet, « en exigeant le dépôt dans une caisse publique des capitaux des sociétés approuvées, destinés à leur réserve ou à leurs fonds de retraites, l'État ne prétend à aucun droit de propriété sur eux et ne leur fait courir aucun risque. Ils ont leur comptabilité à part; ils ont, pour contrôle, la surveillance des administrations qui veillent à la bonne gestion des deniers publics, et, pour garantie, la fortune entière de la France (1). »

L'approbation préalable des statuts et de toutes modifications à y introduire est, enfin, la conséquence même du patronage exercé par la commission supérieure et, d'une manière plus générale encore, par l'administration civile à tous les degrés. Cette approbation est précédée d'un examen attentif des dispositions que les sociétés se proposent d'adopter ; les améliorations dont l'expérience a montré la convenance sont provoquées, et de la sorte les sociétés sont fréquemment retenues au moment où elles seraient près d'entrer dans des voies désastreuses pour leur durée et leur avenir.

Les sociétés de secours mutuels *approuvées* sont donc les seules qui, sous tous les rapports, offrent aux populations une incontestable sécurité. Depuis la promulgation du décret du 26 mars 1852, leur nombre a constamment progressé : au 31 décembre 1860, il était de 2,514, ayant 359,332 membres, dont 57,324

---

(1) *Rapport à l'Empereur.* — Année 1859.

honoraires et 302,008 participants ; ces derniers se
divisaient en 250,843 hommes et 51,165 femmes ; leur
avoir s'élevait à la somme de 13 millions 592,961 fr.
30 c., — ce qui constitue, sur l'année précédente, une
augmentation de 240 sociétés, de 5,042 membres honoraires, de 37,456 participants et d'une somme de
2 millions 140, 714 fr. Sur les 240 sociétés approuvées en 1860, — 209 étaient de nouvelle création ; les
31 autres avaient une existence antérieure au décret de
1852 — c'est-à-dire que, jusque-là, elles avaient gardé
le caractère de sociétés *libres*.

Or, le chiffre de ces dernières, — sous l'influence
même de leur liberté, ou, plutôt, de l'absence des
sûretés de toute nature dont sont entourées les associations rivales, — ce chiffre va tous les jours dimi-
nuant. Les sociétés libres tendent à disparaître ; et, si
nous osions, à ce sujet, exprimer notre pensée, que
nous voudrions pouvoir appuyer d'une autorité plus
grande, nous n'hésiterions pas à formuler le vœu que,
dans un avenir prochain, toutes les associations
mutuelles fussent ramenées à une règle uniforme, —
à l'application des dispositions protectrices du décret
du 26 mars 1852.

Nous avons fait voir — car la démonstration ressort assez, ce nous semble, de tout ce qui précède —
combien les sociétés de secours mutuels approuvées
peuvent apporter de soulagement, de bienfaits de toute
sorte parmi les populations laborieuses. Mais, si leur
action doit être quelque part utile, ne sera-ce pas
particulièrement dans les communes rurales ? Là, le
travail est plus long, plus âpre, plus pénible que par-

tout ailleurs ; l'ouvrier agricole, qui trop souvent ne sait pas apprécier les conditions de tranquillité et de bonheur que lui assure sa position même, a besoin d'être fixé au sol par la certitude de son avenir. Toute crainte serait éloignée de son esprit, à cet égard, s'il entrevoyait la possibilité de se soustraire, après une vie de labeurs et de sage prudence, aux fâcheuses alternatives de la souffrance et de la misère. Comme le déclare le gouvernement lui-même, « l'homme de la campagne ne connaît pas les institutions de prévoyance et bien peu celles d'assistance. Malade, il n'a pas d'hôpital, à peine de médecin ; infirme ou vieillard, il n'a ni hospices, ni bureaux de bienfaisance, et sa santé, et par conséquent son travail, est à la merci de la plus petite indisposition, qui souvent, faute de soins, s'aggrave et menace sa vie. Déjà l'heureuse initiative de quelques hommes de bien ne s'est pas laissé arrêter par les difficultés, et est parvenue à constituer des sociétés de secours mutuels dans les villages où le petit nombre des habitants et l'éloignement des habitations semblaient rendre toute association impossible... En Angleterre, les cantons ruraux fournissent autant de sociétés mutuelles que les districts manufacturiers, et l'habitude en pénètrera peu à peu dans nos campagnes, lorsque les faits viendront triompher de l'ignorance, des préjugés, et que des voix connues et respectées se chargeront de conseiller la prévoyance (1). »

Sans doute, la création des sociétés de secours mu-

____

(1) Instruction générale du 29 mai 1852.

tuels, dans les campagnes surtout, n'est pas chose facile. S'il ne se trouve point des hommes assez énergiques, assez persévérants pour vouloir triompher de tous les obstacles, afin de faire le bien, même à ceux d'où viendraient les plus vives résistances, il est certain que le progrès de la mutualité sera lent à se produire; il sera arrêté dans sa marche par l'ignorance et les préjugés. Avant tout, par conséquent, il est nécessaire d'éclairer les intéressées, et de ne leur laisser aucun doute sur la possibilité d'une prompte réussite.

Et, à ce propos, nous pensons que c'est ici le lieu de relever les objections de fait qui sont habituellement opposées aux personnes honorables qui entreprennent la mission de tenter des fondations d'associations mutuelles dans les campagnes.

La création d'une société de secours mutuels, dit-on, est sans objet dans une commune rurale : la population, généralement aisée, peut se suffire et faire face à toutes les éventualités. — Admettons, ce qui est très contestable, qu'il y ait des communes où ne se trouve aucun habitant qui ne soit en position, en tout temps, dans les conditions ordinaires, de faire vivre lui et sa famille, par sa propriété, son industrie ou son travail. Est-ce que, parmi les gens de l'aisance la plus médiocre, — car on voudra bien reconnaître, avec nous, que l'aisance a des degrés ; — est-ce qu'il n'y aura pas quelques individus, quelques familles qu'un accident, qu'une maladie, qu'une épidémie, par exemple, appauvriront à bref délai? Cet individu, cette famille, tant que dure pour eux la possibilité du travail, ont des ressources assurées, sans doute; mais que le travail soit suspendu pendant huit jours, un mois, six mois, comment feront-ils pour parer aux frais de la maladie? Que deviendront, durant ce temps-là, la femme, les enfants, s'il y en a?... Les enfants seront abandonnés à eux-mêmes. La femme sera obligée de demeurer au chevet du malade. La perte occasionnée par l'inactivité forcée sera double, la dépense, double aussi... Qui ne voit, lorsque les épargnes seront dissipées, la nécessité de recourir à l'emprunt, — la pauvreté, la misère s'approchant à grands pas de ce seuil que, jusque-là, elle avait respecté?...

On peut aller plus loin. Il n'est pas de ménage rural, dont le bien-être ne dépasse pas une aisance modeste, qui, à la suite d'une maladie ou d'un accident fortuitement survenu à l'un de ses membres travailleurs, ne puisse éprouver un réel malaise, quelquefois même une gêne qui se fait sentir longtemps après la disparition de la cause qui l'a amenée. — Et les ouvriers agricoles, — métayers, domestiques, manœuvres, journaliers, — quelle sera leur situation, s'ils sont forcés de suspendre leur travail, et de se voir privés, par suite, de leur salaire, leur unique gagne-pain?...

Ainsi donc, c'est toujours une erreur de croire que, même dans les communes où règne le plus communément l'aisance, la fondation d'une société de secours mutuels puisse être une superfluité. Partout où il y a des hommes, le bien est praticable. Il n'y a pas de conditions secondaires où l'association ne soit appelée à réaliser une amélioration, un bienfait ; et comme partout il y a des existences précaires, subordonnées à des éventualités contre lesquelles peut assurer la prévoyance, il est toujours prudent de se mettre en garde contre les mauvaises chances de l'avenir.

Les sociétés de secours mutuels qui, dit-on encore, produisent d'excellents résultats dans les villes, seront sans action efficace dans les communes rurales, où les habitudes, les mœurs, la dissémination des populations rendent celles-ci réfractaires à tout esprit d'association. — Cette thèse, aujourd'hui, n'est plus soutenable : dans les campagnes où l'expérience a été tentée, elle a répondu d'une manière victorieuse. Les villes ne sont pas seules à pouvoir retirer d'immenses bénéfices de la mutualité. Depuis quelques années, un certain nombre de communes rurales ont constitué des sociétés (1). Celles-ci fonctionnent avec régularité,

(1) « Un des départements les mieux pourvus de sociétés de secours mutuels, celui qui en compte le plus d'approuvées, le Jura, est loin de figurer parmi les plus riches et les plus peuplés ; il ne possède aucune ville de premier ordre, et, avant la promulgation du décret de 1852, la mutualité était inconnue à ses habitants. Elle a pénétré aujourd'hui dans les plus petites communes, dans les hameaux les plus reculés ; elle a trouvé partout, pour diriger et administrer ces institutions, des présidents et des conseils, et chaque année apporte un accroissement au nombre des sociétés et à celui de leurs membres. Pour être mise à la portée des existences les plus modestes et des plus humbles fortunes, la cotisation a dû être très légère ; les secours se bornent souvent aux soins des médecins et à la fourniture des médicaments ; mais la modicité même du sacrifice imposé par les statuts conduit à un heureux et important résultat. Partout où l'association s'établit sous cette forme, elle peut suppléer aux institutions de secours et remplacer l'assistance par la prévoyance.

» Le succès obtenu dans le département du Jura oppose une

répandant autour d'elles la quiétude et le bien-être, au delà des espérances de leurs fondateurs. Là aussi, des esprits pessimistes ou inquiets avaient prédit l'insuccès et l'impuissance. Leurs prophéties inconsidérées ne se sont pas accomplies ; malgré elles, l'idée a germé ; elle donne aujourd'hui ses fruits. Les mœurs, les habitudes, l'éloignement des sociétaires n'y ont point mis empêchement.

Opposera-t-on le peu d'importance d'une localité ? — L'art. 1ᵉʳ du décret du 26 mars 1852 y a obvié ; il autorise la réunion, pour la fondation d'une même société, d'une ou plusieurs communes, lorsque la population de chacune est inférieure à mille habitants ; le choix est facultatif ; il n'y a d'autres limites que celles des nécessités locales.

A la crainte qu'une société ne pût devenir onéreuse aux communes qui se réuniraient pour la créer, nous n'aurons qu'à répondre par quelques observations. — Aux termes du décret que nous venons de citer, il est vrai, les communes sont tenues de fournir aux associations de secours mutuels les locaux pour les assemblées, et les registres et les imprimés pour l'administration et la comptabilité. Cette obligation, dans certains cas, a pu être contraire au développement des sociétés mutuelles dans les campagnes. Il est cependant facile de s'y soumettre. D'abord, quant aux réunions, soit du bureau, soit des assemblées

refutation sans réplique aux objections souvent mises en avant contre la facilité de fonder les sociétés de secours mutuels dans les villes et la possibilité de les faire arriver jusqu'aux campagnes. » — (*Rapport à l'Empereur*, — Année 1859.)

générales, la mairie, le plus souvent, suffirait; s'il en était autrement, elles auraient lieu ou chez le président ou même, au besoin, au domicile particulier du curé ou du maire; personne ne se refuserait, assurément, à donner l'hospitalité à une institution dont le seul mobile comme le seul but serait le bien général. Nous n'insisterons donc pas sur cette nécessité d'un local spécial partout assuré. Passons aux registres. Cette partie de l'obligation imposée aux communes n'est pas de nature à présenter plus de difficultés. Le nombre et la forme des registres et imprimés à fournir ont été déterminés (1); le prix, pour une société de cent membres, n'en excède pas habituellement 100 fr. Il semble que cette somme, dans la plupart des circonstances, pourrait être partagée entre les diverses communes comprises dans l'association, au prorata du nombre respectif des sociétaires appartenant à chacune d'entre elles. Mais nous rappelons qu'au cas d'insuffisance de ressources, il y a faculté de recours à l'aide du département, appelé, à défaut des communes, à pourvoir à la dépense des registres et impressions (2). Dans beaucoup de départements déjà, les budgets votés par les conseils généraux portent un crédit avec cette affectation : il n'est pas douteux que tous n'entrent enfin dans cette voie, si, comme il serait tant à souhaiter, des sociétés de secours mutuels viennent à se fonder dans toutes les communes rurales.

(1) Arrêtés ministériels des 5 janvier et 15 avril 1853.

(2) Nous avons déjà indiqué à la page 171, au nombre des avantages accordés aux sociétés approuvées, celui de cette fourniture gratuite.

13

On craint aussi les abus. A côté du bien qu'on ne saurait nier, on voit des inconvénients : on suppose que certains sociétaires, sachant qu'ils devront être secourus, simuleront des maladies pour pouvoir se dispenser de travailler : c'est ce qui arrive, dit-on, tous les jours, chez les indigents assistés par les bureaux de bienfaisance. — D'accord. La tendance à l'abus doit être prévue. Mais il y a moyen de la prévenir : il suffit, pour cela, d'une bonne organisation. L'application sévère du règlement, prescrivant l'exclusion de tout membre convaincu de fraude, et une surveillance attentive de la part des commissaires et du médecin, suffiront toujours à écarter, sur ce point, tout danger. Mais, répondra-t-on peut-être, comment exercer cette surveillance ? Pour celle incombant au médecin, soit : elle est possible, si encore le médecin n'est pas trop éloigné du domicile du malade ; car, s'il est trop éloigné, — comme cela se voit à la campagne, — il y aura bien des facilités, pour le prétendu malade, à tromper même l'œil exercé du médecin, contraint à restreindre la fréquence de ses visites. Mais comment les commissaires, les visiteurs, dont la résidence se trouvera peut-être moins rapprochée, seront-ils en mesure de contrôler l'exactitude et la durée de l'affection ou de l'accident dont aura argué un sociétaire pour obtenir l'indemnité de maladie ? Nous ne nous dissimulons pas ce qu'a de spécieux ce raisonnement. Cependant, il ne résiste pas à un examen sérieux. Dans les campagnes, plus qu'ailleurs, il est indispensable que des mesures soient prises, afin d'éviter des tromperies qui, sans être réellement profitables à ceux qui s'en rendraient coupables, pourraient porter atteinte à l'avenir, à la stabilité des associations. En premier lieu, il est bon de remarquer que, dans aucune circonstance, un sociétaire ne doit avoir intérêt à renoncer à son travail ou à son salaire, pour y substituer l'indemnité payée sur la caisse sociale : il est essentiel que les statuts avisent à ce besoin, en n'accordant jamais une indemnité quotidienne plus élevée que le salaire habituel du travailleur. En second lieu, quelle que soit l'étendue de la circonscription embrassée par l'association, le nombre des médecins, si les ressource de la contrée le permettent, et, dans tous les cas, le nombre des visiteurs, doivent être combinés de manière à ce qu'aucun des points les plus éloignés du lieu où siège le bureau de la société ne puisse échapper ni à l'assistance médicale, ni à la surveillance directe des membres de l'association. Dans les campagnes, la distance n'est pas un obstacle : qui ignore que, durant la saison d'hiver, dans certains pays surtout, non-seulement les jeunes gens, mais quelquefois des familles entières, ne reculent pas devant le trajet d'un quart de lieue, une demi-lieue, une lieue même à faire à pied, nonobstant la nuit et le froid, pour aller passer la veillée dans le *voisinage*? Il sera certainement toujours aisé de trouver parmi les médecins, dont l'abnégation et le zèle sont à la hauteur de toutes les nécessités publiques, et aussi parmi les membres les plus dévoués des sociétés, assez de bonne volonté pour accepter résolûment la tâche de rechercher, de signaler et d'empêcher les abus.

Il y a des localités où l'on pense n'avoir pas besoin de société de secours mutuels, parce qu'il n'y existe que peu d'indigents et que, si quelque famille réclame des secours, le bureau de bienfaisance y pourvoit. — Il ressortirait de là que l'assistance mutuelle serait assimilée à la charité, le secours réciproque, prélevé sur le travail et l'épargne, à l'aumône. Ce rapprochement est tout-à-fait inexact ; il n'y a pas plus d'assimilation possible, entre la société de secours mutuels et le bureau de bienfaisance, qu'entre les soins donnés à domicile par la famille et ceux que reçoit un vagabond au dépôt de mendicité. L'association mutuelle n'est point destinée à l'indigent : elle prévient l'indigence. Elle n'a point pour but d'encourager l'oisiveté et la paresse, mais d'honorer le travail.

Il est aussi de fausses idées qui ont cours et prouvent, comme la précédente, combien dans les campagnes les esprits, même les moins incultes, se rendent peu compte du caractère et des effets des associations mutuelles. Des personnes que l'administration s'efforçait de gagner à la cause de ces fécondes institutions, n'ont pas su faire de meilleure réponse, pour expliquer leur insuccès ou la tiédeur de leur concours, que celle-ci : « On trouve trop élevé le chiffre de la cotisation. » — On sait que le montant ordinaire de la cotisation, pour les sociétaires, est de 12 fr. par an ; quelques associations, moins inconscientes du bien qu'elles peuvent produire, portent ce chiffre à 16 et à 18 fr. Par contre, d'autres ont fixé leurs souscriptions à 9 fr. seulement ; nous en connaissons — et précisément dans des communes rurales — qui en ont réduit le taux annuel à 6 fr. Quoi ! 50 centimes, un franc ou un franc cinquante centimes, *par mois*, ce serait trop, en compensation d'un secours certain à recueillir en cas de maladie ou d'incapacité de travail ? Mais on est libre d'augmenter ou de diminuer ces chiffres ; seulement, le secours accordé sera plus ou moins l'équivalent du besoin réel de celui qui en profitera, que celui-ci consentira à s'imposer un plus ou moins grand sacrifice. On le voit, l'élévation de la cotisation est toujours facultative, et il dépend absolument des personnes qui entrent les premières dans l'association d'en limiter le chiffre au taux le plus facilement accessible à toutes les positions.

La seule objection — peut-être sérieuse pour quelques rares contrées — qui pût être présentée contre l'organisation des sociétés de secours mutuels dans les campagnes est tirée de ce fait, que le paysan n'a souvent point ou plutôt ne peut point avoir d'argent pour acquitter sa cotisation. — Il est vrai, dans certains ménages ruraux, le numéraire, en apparence du moins, n'abonde pas : l'aisance y règne, grâce à ce que le grenier est moins au dépourvu que la bourse ; mais là où, surtout au moment de la récolte, il y a indice certain de bien-être, il n'est pas toujours très aisé d'obtenir un paiement en argent. Pourquoi cela? La réponse est naturelle. Aux yeux du paysan, la denrée n'a souvent de valeur qu'autant qu'elle est convertie en bons écus. Pour lui la denrée n'est rien — l'argent est tout. Il manquera dans son grenier un hectolitre de blé, dans son cellier une barrique de vin ; j'en suis certain, la perte lui paraîtra moindre que si l'on avait dérobé

dans son armoire, vingt ou cinquante francs, quoique
cette somme n'eût pas dépassé le prix du vin ou du blé
soustrait. Il semble qu'il serait facile de tourner au
profit même de la mutualité un préjugé qui accuse
encore, parmi tant d'autres signes non moins caracté-
ristiques, l'attardement des habitants de la campagne
dans les voies générales du progrès et de la civilisation.
Pourquoi, en effet, dans les communes rurales où
l'esprit des habitants en ferait une nécessité, ne laisse-
rait-on pas facultatif le paiement de la cotisation en
numéraire ou en *nature*? Il serait bien entendu, dans
ce dernier cas, que la libération aurait lieu par la li-
vraison d'une quantité de denrées représentant, d'après
les cours locaux, le montant de la cotisation annuelle,
plus les frais prévus pour la vente de ces denrées ; et,
s'il y avait excédant, le surplus serait restitué au sociétaire. Les opérations de vente seraient effectuées
par le bureau dans les conditions les plus favorables
à la conciliation du double intérêt de la caisse et de
l'associé qui n'aurait pu remplir autrement ses engagements. Si nous ne nous trompons, il y aurait dans
ce système, pour quelques-unes des localités les plus
pauvres, une grande facilité d'arriver à la fondation
d'associations capables de rendre de précieux services.

Les explications — peut-être trop longues — dans
lesquelles nous venons d'entrer seraient oiseuses pour
des esprits familiarisés avec les questions qui touchent
à l'établissement des sociétés mutuelles. Nous avions
d'abord hésité à les formuler. Cependant, comme les
objections relevées sont généralement émises dans les

communes rurales, nous avons cru devoir les examiner. Chacun ainsi se trouvera en mesure d'y répondre.
Qu'on nous pardonne de leur avoir consacré une si
large place, surtout si nous avons su en profiter pour
bien faire saisir nos convictions sur l'utilité des sociétés
de secours mutuels approuvées.

Un point, au reste, par lequel les sociétés approuvées se recommandent d'une manière toute particulière
à l'attention des populations agricoles, c'est, ainsi que
nous l'avons déjà fait connaître, la faculté qu'elles ont
de constituer, au profit de leurs affiliés, un fonds de
retraite.

Ce fonds, autorisé et fondé par un décret du 26 avril
1856, est entretenu au moyen des prélèvements faits
par les sociétés sur leur réserve et des subventions
accordées par l'État sur la dotation (1). Il permet d'assurer aux associés des pensions à l'âge de la vieillesse
et des infirmités (2). Voici en quels termes la commission supérieure en présentait la situation dans son
dernier rapport : « L'institution du fonds de retraites
continue à justifier les larges encouragements qui lui
viennent de la dotation. En 1860, les sociétés ont versé
519,160 fr. 73 c. ; la dotation y a ajouté 327,995 fr.,
ce qui, avec les intérêts capitalisés, les dons et legs, et

(1) Par un décret du 24 mars 1860, S. M. a autorisé la conversion du capital de 10 millions, formant la dotation des sociétés
de secours mutuels, en rentes perpétuelles sur l'État. Cette
opération, en augmentant le revenu annuel de 37,500 fr., l'a
porté à 437,500 fr. (*Rapport.* — Année 1860.)

(2) Voir à l'*Appendice*, modèle de statuts, chap. VII, et les
notes des pages 265 et 266.

les fonds réintégrés par suite de décès de pensionnaires,
porte le total des recettes de l'année 1860 à 1,009,492 fr.
93 c. Au 31 décembre, 1,535 sociétés *approuvées* possé-
daient en fonds de retraites une somme de 4,237,672 fr.
A la même époque, le nombre de rentes viagères ser-
vies sous forme de pensions s'élevait à 163 (1), et le
montant des rentes à 8,993 fr. Toutes ces pensions ont
été constituées à capital *réservé* (2), et leur capital, qui
s'élève à 199,365 fr., fera retour au fonds de retraite
après le décès des titulaires. »

Ajouterons-nous d'autres développements sur la
nature des services que sont appelées à rendre les
sociétés de secours mutuels? Ferons-nous autrement
leur éloge, qu'en exposant leur but, leurs forces, les
ressources qu'elles offrent à tous les besoins? Non.
Nous n'irons pas plus loin. Jusqu'ici, la puissance de
l'association mutuelle, appliquée à l'*assurance* contre
les *risques* de la maladie, des accidents fortuits, d'une
vieillesse pauvre ou abandonnée, n'a été révélée que
dans les centres populeux. Les campagnes sont demeurées à peu près tout-à-fait en dehors de ce mouvement
d'idées, pourtant si humaines, qui tendent à remplacer

---

(1) Ce chiffre peu élevé encore s'explique par l'obligation,
imposée prudemment par le décret du 26 mars 1852, du
paiement de la cotisation pendant dix ans au moins pour pouvoir
être admis à la retraite.

(2) La *réserve* du capital diminue la quotité de la pension,
mais « a l'immense avantage d'en tenir le capital, après la mort
du pensionnaire, à la disposition de la société, qui peut ainsi
faire passer successivement la pension sur la tête de ceux qui
ont vieilli avec elle. » — (*Rapport à l'Empereur.* — Année 1860.)

la charité par la prévoyance. Leur tour est venu de participer aux bienfaits de ces idées, dont il appartient surtout aux propriétaires d'amener bientôt le triomphe. S'il est une chose regrettable, douloureuse même pour ceux que préoccupe à si juste titre le progrès incessant de la dépopulation rurale, c'est de voir que, jusqu'à présent, il n'ait été rien fait pour y remédier. L'un des meilleurs moyens cependant était là, sous la main : il n'y avait qu'à en faire usage. Ce moyen était la société de secours mutuels. Que fallait-il pour qu'une de ces institutions si morales existât dans chaque commune de France ? Bien peu, vraiment : l'entente, la bonne volonté, la mise en jeu de l'influence de quelques propriétaires....

Pour simplifier à ceux qui nous liront l'accomplissement de cette importante tâche, de se faire eux-mêmes les artisans de leur fortune et de celle du pays, nous leur mettons entre les mains un modèle de statuts (1) pour l'organisation d'une société rurale de secours mutuels ; les nombreuses notes qui accompagnent le texte prévoient et lèveront, espérons-nous, toute difficulté. Donc, il ne manquera que le bon vouloir et

(1) Voir ci-après à l'*Appendice*, pages 253 à **268**.

le zèle. Ces éléments de succès, nous désirons ardemment qu'ils se rencontrent, dans chacune des communes rurales, chez quelques hommes actifs, dévoués au bien public. Que ces hommes généreux s'inscrivent, les premiers, comme membres honoraires; qu'ils s'efforcent d'enrôler les gens honnêtes et laborieux sous les bannières de la mutualité — ces nobles bannières dont la seule devise est : « Fraternité, ordre et travail. » S'il en est ainsi, nous verrons avant la fin de ce siècle l'agriculture, régénérée par le travail, accroître dans d'immenses proportions la richesse nationale, la propriété secouer le marasme, l'inertie qui pèsent sur elle, et enfin, partout, des populations tranquilles, heureuses, unies par les mêmes causes de sécurité.

CHAPITRE X.

—

CAISSE DE RETRAITES POUR LA VIEILLESSE.

SOMMAIRE : Complément des caisses d'épargnes et des sociétés de
secours mutuels. — Garantie. — But. — Conditions d'organisation. — Coup-d'œil rétrospectif. — Institution peu connue dans les campagnes. — Facultés qu'en retireraient les
ouvriers ruraux. — Le livret de la caisse de retraites destiné
à devenir un titre de famille. — Vulgarisation par les propriétaires. — Associations.

Les institutions publiques dont nous avons parlé
dans les chapitres qui précèdent, considérées isolément
ou dans leur ensemble, seraient, sans contredit, si les
habitants des campagnes y avaient plus habituellement
recours, des moyens certains de contrarier le développement de la dépopulation rurale. La caisse d'épargnes
stimule l'économie, pour mettre le travailleur à même
de se ménager des ressources qui lui puissent servir
dans un moment de malaise ou de crise ; la société
mutuelle approuvée lui offre des consolations et des
secours, en cas d'accident ou de maladie ; à la rigueur
même, et c'est un usage qui devrait se généraliser, —
ce dernier genre d'association peut lui promettre et
procurer, pour ses vieux jours, les avantages d'une

pension de retraite, c'est-à-dire l'aisance et le repos. Mais, au point de vue seul de la prévoyance, il est des cas où ces institutions seraient insuffisantes : aussi, comme couronnement, — et avant d'aborder l'institution de *crédit* dont nous avons encore à parler, — convient-il de signaler à l'attention des intéressés la caisse de retraites ou rentes viagères pour la vieillesse, créée par la loi du 18 juin 1850.

Cette caisse — disons-le tout d'abord — est, par la loi même, placée *sous la garantie de l'État* ; elle est gérée par l'administration de la caisse des dépôts et consignations. — C'est dire que, mieux que tout établissement privé, elle peut, elle doit s'imposer à la confiance des populations laborieuses, au profit desquelles elle a été exclusivement fondée : car elle ne repose sur aucune spéculation particulière et n'occasionne point des frais d'administration à la charge de ses clients.

Son titre indique le but qu'elle se propose : féconder, par la capitalisation continue des intérêts, et en tenant compte des lois de la mortalité, les sommes qui lui sont confiées sur les épargnes des modestes travailleurs, afin d'arriver à constituer, au profit de ceux-ci, d'après des tarifs spéciaux, des pensions ou rentes viagères pour l'âge et dans les limites qu'ils ont eux-mêmes fixés d'avance.

Mais les conditions suivant lesquelles évolue la caisse des retraites pour la vieillesse, dans le jeu des établissements publics relevant directement de l'État, se trouvent nettement caractérisées et définies par le législateur. Depuis 1850, de nombreuses dispositions ont successivement modifié, restreint ou élargi et finalement amélioré son rôle. La loi créatrice du 18 juin 1850, la loi du 12 juin 1861 et un décret du 27 juillet de cette même année, renferment tout ce qui est resté debout de ces remaniements réglementaires. Pour donner une idée générale et complète de l'utilité et de la valeur de l'institution, nous demandons à nos lecteurs la permission de placer sous leurs yeux, après les avoir coordonnées, toutes les prescriptions légales qu'il peut leur importer de connaître.

C'est ce que nous faisons ci-après :

Versements.

Le capital des retraites pour la vieillesse est formé par les versements volontaires des déposants effectués à la caisse des dépôts et consignations. (Art. 2, loi du 18 juin 1850.)

Les versements peuvent être faits au profit de toute personne âgée de plus de trois ans. (Art. 4 — idem.) Les étrangers sont admis à faire des versements aux mêmes conditions que les nationaux. (Art. 3, loi du 12 juin 1861.)

Les versements opérés par les mineurs âgés de moins de dix-huit ans doivent être autorisés par leur père, mère ou tuteur.

Le versement opéré antérieurement au mariage reste propre à celui qui l'a fait.

Le versement fait pendant le mariage, par l'un des deux conjoints, profite séparément à chacun d'eux par moitié.

En cas de séparation de corps ou de biens, le versement postérieur profite séparément à l'époux qui l'a opéré.

En cas d'absence ou d'éloignement d'un des deux conjoints depuis plus d'une année, le juge de paix peut, suivant les circonstances, accorder l'autorisation de faire des versements au profit exclusif du déposant. Sa décision peut être frappée d'appel devant la chambre du conseil. (Art. 4, loi du 18 juin 1850.)

Les sommes versées dans une année, au compte de la même personne, ne peuvent excéder trois mille francs. Les versements effectués, soit en vertu de décisions judiciaires, soit par les administrations publiques, par les sociétés de secours mutuels ou par les sociétés anonymes au profit de leurs employés, agents et ouvriers, ne sont pas soumis à cette limite. (Art. 5, loi du 12 juin 1861.)

Les versements doivent être de cinq francs au moins et sans fraction de franc. (Art. 1er, idem.) Ils sont reçus, à Paris, par la caisse des dépôts et consignations, et, dans les départements, par les receveurs généraux et particuliers des finances, préposés de cette caisse.

Lorsque, le déposant étant marié, le versement doit profiter par moitié à son conjoint, aucun versement n'est reçu s'il n'est de dix francs au moins et multiple de deux francs.

Lorsque l'un des époux a atteint le maximum de rente viagère, les versements ultérieurs peuvent avoir lieu, jusqu'à la même limite, au profit exclusif de l'autre conjoint. (Art. 1er, décret du 27 juillet 1861.)

Tout déposant qui, soit par lui-même, soit par un intermédiaire, opère un premier versement, fait counaître ses nom, prénoms, qualités civiles, âge, profession et domicile.

Il produit son acte de naissance, ou, à défaut, un acte de notoriété qui en tienne lieu, délivré — par le juge de paix — dans les formes prescrites par l'art. 71 du code Napoléon.

Il déclare : — s'il entend faire l'abandon du capital versé, ou s'il veut que ce capital soit remboursé, lors de son décès, à ses ayants-droit ; — à quelle année d'âge accomplie, à partir de la cinquantième année, il a l'intention d'entrer en jouissance de la rente viagère. (Art. 2, décret du 27 juillet 1861.)

Si le déposant est marié, il fait, en ce qui concerne son conjoint, les productions et déclarations énoncées dans l'article précédent.

A défaut de déclaration sur l'abandon ou la réserve du capital et sur l'âge fixé pour l'entrée en jouissance, les conditions de la déclaration que le déposant fait pour lui-même deviennent communes à son conjoint.

Dans le cas d'absence ou d'éloignement de son conjoint depuis plus d'une année, le déposant produit l'autorisation accordée par le juge de paix ou par la chambre du conseil. (Art. 3, idem.)

En cas de séparation de corps ou de biens, le déposant n'est tenu de produire que l'extrait du contrat de mariage ou du jugement qui a prononcé la séparation.

L'extrait du jugement doit être accompagné des certificats et attestations prescrits par l'art. 548 du code de procédure civile, et, en outre, dans le cas prévu par l'art. 1444 du code Napoléon, des justifications établissant que la séparation de biens a été exécutée. (Art. 4, idem.)

Le mineur âgé de moins de dix-huit ans doit justifier que le versement par lui effectué, la désignation de l'âge auquel il veut entrer en jouissance de la rente viagère, et la condition d'abandon ou de réserve du capital, ont été autorisés par ses père, mère ou tuteur. L'autorisation peut être donnée d'une manière générale pour tous les versements que le mineur effectuera ; elle est toujours révocable. Si le mineur n'a ni père, ni mère, ni tuteur, ou en cas d'empêchement de celui qui aurait qualité pour l'autoriser, il peut y être suppléé par le juge de paix. (Art. 5, décret du 27 juillet 1861.)

S'il survient un changement dans les qualités civiles du déposant, il est tenu de le déclarer au premier versement qui suit. Il produit, en même temps, les justifications qui pourraient être nécessaires pour constater le changement survenu. (Art. 6, idem.)

Si un déposant veut soumettre de nouveaux versements à des conditions autres que celles qu'il a fixées pour ses versements antérieurs, il est tenu d'en faire la déclaration. Tous les versements faits avant cette nouvelle déclaration restent soumis aux conditions des déclarations précédentes. (Art. 7, idem.)

Dans le cas où le versement est effectué par un tiers, et de ses deniers, les déclarations et productions exigées par les articles 2, 6 et 7 doivent être faites en ce qui concerne le titulaire de la rente.

Si le versement a lieu au profit d'une femme mariée, le consentement du mari doit, en outre, être produit.

Le tiers donateur doit, indépendamment des déclarations et productions ci-dessus, faire connaître s'il entend stipuler en sa faveur le remboursement du capital au décès du titulaire de la rente, ou s'il fait cette réserve au profit des ayants-droit de celui-ci, en indiquant si cette réserve est ou non subordonnée à la faculté par le titulaire d'aliéner le capital réservé.

Il peut être délivré au donateur, sur sa demande, un certificat constatant la réserve du capital à son profit. (Art. 8, décret du 27 juillet 1861.)

Les déclarations prescrites par les art. 2, 3, 6, 7 et 8 sont consignées sur une feuille spéciale pour chaque déposant. Cette feuille est signée par le déposant ou par son intermédiaire, ainsi que par le caissier de la caisse des dépôts et consignations, à Paris et dans le département de la Seine, et par le receveur général ou receveur particulier préposé de la caisse dans les autres départements.

Si le déposant ne sait pas signer, il en est fait mention.

Les pièces justificatives exigées sont annexées à ladite feuille. Les autorisations et consentements exigés par les art. 3, 5 et 8 peuvent y être consignés. (Art. 9, idem.)

Le montant de chaque versement est constaté par un enregistrement porté au livret et signé par le caissier ou le préposé qui reçoit le versement.

Cet enregistrement ne forme titre envers l'État qu'à la charge par le déposant de soumettre, dans les vingt-quatre heures de la date du versement, le livret, à Paris et dans le département de la Seine, au visa du contrôleur près la caisse des dépôts et consignations, et, dans les autres départements, au visa du préfet ou du sous-préfet. (Art. 13, idem.)

L'intermédiaire qui verse dans l'intérêt de plusieurs

14

déposants dresse un bordereau en double expédition des sommes versées pour chacun d'eux.

Des bordereaux distincts doivent être dressés pour les nouveaux et pour les anciens déposants.

Ils doivent indiquer, en regard des sommes versées : — 1° pour les nouveaux déposants, les nom et prénoms, avec production des feuilles de déclaration et des pièces justificatives mentionnées dans les art. 2, 3, 4, 5 et 8 ; — 2° et pour les anciens déposants, le nom et le numéro du livret, avec production des livrets et des feuilles de déclarations, accompagnés des pièces justificatives à l'appui dans le cas prévu par les art. 6, 7 et 8.

Dans les cas de donation, mention doit en être faite sur les bordereaux.

Le caissier de la caisse des dépôts et consignations, en ce qui concerne Paris et le département de la Seine, les préposés de cette caisse, dans les autres départements, donnent quittance du versement sur l'une des expéditions du bordereau.

Cette quittance ne forme titre envers l'État qu'à la charge, par l'intermédiaire qui fait le versement, de la soumettre dans les vingt-quatre heures de sa date, à Paris et dans le département de la Seine, au visa du contrôleur près la caisse des dépôts et consignations, et, dans les autres départements, au visa du préfet ou du sous-préfet.

Le comptable dans la caisse duquel le versement a été opéré enregistre, sur chacun des livrets auxquels le versement est applicable, la somme versée par le titulaire du livret.

Cet enregistrement est soumis, à Paris et dans le département de la Seine, au visa du contrôleur près la caisse des dépôts et consignations, et dans les autres départements, au visa du préfet ou du sous-préfet. (Art. 14, décret du 27 juillet 1861.)

Capitaux.

Le déposant qui a stipulé le remboursement, à son décès, du capital versé peut, à toute époque, faire abandon de tout ou partie de ce capital, à l'effet d'obtenir une augmentation de rente, sans qu'en aucun cas le montant total puisse excéder mille francs.

Le donateur qui a stipulé le retour du capital, soit à son profit, soit au profit des ayants-droit du donataire, peut également, à toute époque, faire l'abandon du capital, soit pour augmenter la rente du donataire, soit pour se constituer à lui-même une rente, si la réserve avait été stipulée à son profit. (Art. 7, loi du 12 juin 1861.)

Le déposant qui veut profiter de la faculté, soit de faire l'abandon de tout ou partie du capital réservé, soit de reporter à une autre année d'âge accomplie la jouissance de sa rente, doit constater son intention par une déclaration.

Dans le cas d'abandon d'un capital réservé, cette déclaration doit être signée par la partie intéressée ou par son mandataire spécial. Cet abandon ne peut jamais donner lieu au remboursement anticipé d'une partie du capital déposé. (Art. 17, décret du 27 juillet 1861.)

Conformément aux articles 1974 et 1975 du code

Napoléon, toute somme versée au profit d'une personne morte au jour du versement ou atteinte de la maladie dont elle est morte dans les vingt jours du versement, est remboursée sans intérêts. (Art. 25, décret du 27 juillet 1861.)

Au décès du titulaire de la rente, avant ou après l'époque d'entrée en jouissance, le capital déposé est remboursé sans intérêt aux ayants-droit, si la réserve a été faite au moment du dépôt, ou s'il n'a pas été fait usage de la faculté d'abandon de tout ou partie du capital afin d'obtenir une augmentation de rente.

Les certificats de propriété destinés aux retraits de fonds versés dans la caisse des retraites de la vieillesse doivent être délivrés dans les formes et suivant les règles prescrites par la loi du 28 floréal an VII. (Art. 9, loi du 12 juin 1861.)

Le capital réservé reste acquis à la caisse des retraites, en cas de déshérence ou par l'effet de la prescription, s'il n'a pas été réclamé dans les trente années qui auront suivi le décès du titulaire de la rente. (Art. 10, id.)

Est remboursée, sans intérêt, par la caisse, toute somme versée irrégulièrement par suite de fausse déclaration sur les noms, qualités civiles et âges des déposants, ou par défaut d'autorisation.

Sont également remboursées, sans intérêt, les sommes qui, lors de la liquidation définitive, seraient insuffisantes pour produire une rente viagère de cinq francs, ou qui dépasseraient, soit la somme de trois mille francs par année, soit le capital nécessaire pour constituer une rente de mille francs. (Art. 11, idem.)

Toutes les recettes disponibles provenant, soit des

versements des déposants, soit des intérêts perçus par la caisse, sont successivement, et dans les huit jours au plus tard, employées en achat de rentes sur l'État. Ces rentes sont inscrites au nom de la caisse des retraites. (Art. 12, loi du 12 juin 1861.)

Livrets.

Il sera remis à chaque déposant un livret sur lequel seront inscrits les versements par lui effectués et les rentes viagères correspondantes. (Art. 9, loi du 18 juin 1850.)

Ce livret est émis par la caisse des dépôts et consignations ; il est revêtu de son timbre.

Il porte un numéro d'ordre ; il énonce, pour chaque titulaire, ses nom, prénoms, la date de sa naissance, ses profession, domicile, qualités civiles, et généralement tous les faits et conditions résultant des déclarations et productions prescrites.

Le livret, ainsi que le compte correspondant inscrit au registre matricule, est disposé de manière qu'en cas de mariage, il puisse y être ouvert un compte pour chacun des conjoints.

Il contient, en outre, les dispositions législatives et réglementaires en vigueur. (Art. 1er, décret du 27 juillet 1861.)

La délivrance du livret est faite, pour Paris et le département de la Seine, à la caisse des dépôts et consignations, et pour les autres départements, par les receveurs des finances, préposés à cette caisse. Elle a lieu au moment du premier versement effectué.

Le livret peut être retiré et représenté, soit par le titulaire lui-même, soit par un intermédiaire. En cas de perte, il est pourvu à son remplacement dans les formes prescrites pour le remplacement d'un titre de rente sur l'État.

Les rentes à jouissance immédiate, créées au profit de membres de sociétés de secours mutuels, en vertu du décret du 26 avril 1856, ne donnent pas lieu à l'émission de livrets. (Art. 12, décret du 27 juillet 1861.)

L'enregistrement de chaque versement porté au livret ne forme titre envers l'État qu'à la charge par le déposant de soumettre, dans les vingt-quatre heures de la date du versement, le livret, à Paris et dans le département de la Seine, au visa du contrôleur près la caisse des dépôts et consignations, et dans les autres départements, au visa du préfet ou du sous-préfet. (Art. 13 et 14, idem.)

Trois mois après le versement effectué, le déposant ou le porteur de son livret a le droit de demander l'inscription sur le livret de la rente viagère correspondante.

A l'époque de l'entrée en jouissance de la rente viagère, le montant en sera définitivement fixé et inscrit au grand-livre de la dette publique, conformément aux règles de la comptabilité publique.

A cet effet, le titulaire du livret devra en faire l'envoi au directeur général de la caisse des dépôts et consignations, en l'accompagnant de son certificat de vie. (Art. 16, idem.)

Après l'inscription au grand-livre des rentes viagères définitivement liquidées, les livrets sont frappés d'un timbre constatant cette inscription, avant d'être rendus aux titulaires. (Art. 24, décret du 27 juillet 1861.)

Liquidation et jouissance des pensions de retraites.

Le montant de la rente viagère à servir sera fixé conformément à des tarifs tenant compte, pour chaque versement : — 1° de l'intérêt composé du capital, à raison de 4 1[2 p. o[o par an; — 2° des chances de mortalité en raison de l'âge des déposants et de l'âge auquel commence la retraite, calculées d'après les tables dites de Déparcieux; — 3° du remboursement, au décès, du capital versé, si le déposant en a fait la demande au moment du versement. (Art. 2, loi du 12 juin 1861, et 3, loi du 18 juin 1850.)

Le maximum de la rente viagère que la caisse des retraites est autorisée à faire inscrire sur la même tête est fixé à 1,000 fr. (Art. 4, loi du 12 juin 1861.)

Ces rentes sont incessibles et insaisissables jusqu'à concurrence seulement de trois cent soixante francs.

Les arrérages seront payés par trimestre. (Art. 5, loi du 18 juin 1850.)

L'entrée en jouissance de la pension est fixée, au choix du déposant, à partir de chaque année d'âge accomplie de cinquante à soixante-cinq ans. Les tarifs sont calculés jusqu'à ce dernier âge.

Les rentes viagères au profit des personnes âgées de plus de soixante-cinq ans sont liquidées suivant les tarifs déterminés pour cet âge. (Art. 6, loi du 12 juin 1861.)

Dans le cas cependant de blessures graves ou

d'infirmités prématurées, régulièrement constatées, entraînant incapacité absolue de travail, la pension pourra être liquidée même avant cinquante ans, et en proportion des versements faits avant cette époque. (Art. 6, loi du 18 juin 1850.)

L'ayant-droit à une rente viagère, qui a fixé son entrée en jouissance à un âge inférieur à soixante-cinq ans, peut, dans le trimestre qui précède l'ouverture de la rente, reporter sa jouissance à une autre année d'âge accomplie, sans que, en aucun cas, la rente, augmentée d'après les tarifs en vigueur, puisse excéder mille francs, ni qu'il y ait lieu au remboursement d'une partie du capital déposé. (Art. 8, loi du 12 juin 1861.)

Tous les trois mois, la caisse des dépôts et consignations fait inscrire sur le grand-livre de la dette publique les rentes viagères liquidées pendant le trimestre au nom des ayants-droit. Elle fait transférer, aux mêmes époques, au nom de la caisse d'amortissement, par un prélèvement sur le compte de la caisse de retraites, la quotité de rentes sur l'État nécessaire pour produire, au cours moyen des achats opérés pendant le trimestre, un capital équivalent à la valeur, d'après le tarif, des rentes viagères à inscrire. (Art. 13, idem.)

Les rentes ainsi transférées à la caisse d'amortissement sont annulées. (Art. 14, idem.)

Dans le cas prévu par l'art. 6 de la loi du 18 juin 1850, les blessures graves ou infirmités prématurées, susceptibles de faire obtenir aux déposants à la caisse des retraites la liquidation de leur pension avant l'âge de cinquante ans, sont constatées au moyen : — 1° d'un certificat émané des médecins qui ont donné leurs soins aux déposants; — 2° d'une attestation émanée de l'autorité municipale; à Paris, cette attestation est délivrée par le commissaire de police; — 3° d'un certificat émané d'un médecin désigné par le préfet ou sous-préfet et assermenté. (Art. 18, décret du 27 juillet 1861.)

Indépendamment des pièces qui viennent d'être mentionnées, les déposants dont la profession déclarée emporte rémunération, à quelque titre que ce soit, par l'État, les départements, les communes ou les établissements publics, doivent justifier, par une pièce émanée de leurs supérieurs, qu'ils ont cessé d'occuper leur emploi ou leur fonction. (Art. 19, idem.)

Les certificats et attestations mentionnés à l'art. 18 doivent établir que les déposants sont dans l'incapacité absolue de travailler. (Art. 20, idem.)

Les demandes des déposants sont transmises, avec les pièces à l'appui, par les préfets, dans les départements, et, à Paris, par le préfet de police, au directeur général de la caisse des dépôts et consignations. (Art. 21, idem.)

Les rentes viagères inférieures à cinq francs peuvent, lors de la liquidation définitive, être réunies au montant de la rente à liquider ultérieurement au profit du même titulaire, pour d'autres versements, sans que cette réunion puisse donner droit à un rappel d'arrérages.

Cette réunion sera opérée d'office si le titulaire n'a pas demandé le remboursement du capital afférent auxdites rentes. (Art. 22, idem.)

En cas de veuvage, la femme, titulaire d'une rente viagère de la vieillesse, fait immatriculer son titre sous sa qualité de veuve, en justifiant du décès de son mari. (Art. 23, décret du 27 juillet 1861.)

Les tarifs pour la liquidation des retraites sont établis sur l'unité de franc et calculés par trimestre pour le versement, et par année pour la jouissance. (Art. 26, idem.)

Pour l'application des tarifs, les trimestres commencent les 1er janvier, 1er avril, 1er juillet et 1er octobre.

L'âge du déposant est calculé comme si ce déposant était né le premier jour du trimestre qui a suivi la date de la naissance.

L'intérêt de tout versement n'est compté qu'à partir du premier jour du trimestre qui suit la date du versement.

La rente viagère commence à courir du premier jour du trimestre qui suit celui dans lequel le déposant a accompli l'année d'âge à laquelle il aura déclaré vouloir entrer en jouissance de la rente.

L'année d'âge est toujours considérée comme accomplie pour les déposants âgés de plus de soixante-cinq ans. (Art. 27, idem.)

Dispositions diverses.

Les certificats, actes de notoriété et autres pièces exclusivement relatives à l'exécution de la présente loi, sont délivrés gratuitement et dispensés des droits de timbre et d'enregistrement. (Art. 11, loi du 18 juin 1850.)

La caisse des retraites est gérée par l'administration

de la caisse des dépôts et consignations. (Art. 12, loi du 18 juin 1850.)

Il est formé, auprès du ministère de l'agriculture et du commerce, une commission chargée de l'examen de toutes les questions relatives à la caisse des retraites. (Art. 13, idem.)

Cette commission supérieure est composée de quinze membres (1) nommés pour trois ans, par décret impérial, sur la proposition des ministres des finances et de l'agriculture, du commerce et des travaux publics. Elle présente, chaque année, à l'Empereur, un rapport sur la situation morale et matérielle de la caisse des retraites, lequel est communiqué au corps législatif. (Art. 15, loi du 12 juin 1861.)

Les certificats de vie à produire, soit pour l'inscription des rentes viagères de la vieillesse, soit pour le paiement des arrérages desdites rentes, sont exemptés des droits de timbre et peuvent être délivrés, soit par les notaires, soit par le maire de la résidence du rentier. (Art. 28, décret du 27 juillet 1861.)

(1) En sont actuellement membres : MM. de Parieu, vice-président du conseil d'État, *président* ; F. Barrot, sénateur ; A. Thayer, sénateur ; Vuitry, président de section au conseil d'État ; Gouin, député ; Ouvrard, député ; Devinck, député ; Guillemot, directeur général des caisses d'amortissement et des dépôts et consignations ; Andouillé, sous-gouverneur de la banque de France ; Delépine, directeur de la comptabilité générale au ministère des finances ; Maginel, directeur du mouvement général des fonds au ministère des finances ; Julien, directeur du commerce intérieur au ministère de l'agriculture, du commerce et des travaux publics ; Mathieu, membre de l'institut ; vicomte de Melun, membre de la commission supérieure des sociétés de secours mutuels ; Cochin ; Langlois de Neuville, chef de bureau au ministère de l'agriculture, du commerce et des travaux publics, *secrétaire* ; Alexis Chevallier, *secrétaire-adjoint.*

Nous avons peu à ajouter à ces dispositions ; elles présentent, d'une manière exacte, la physionomie — détails et ensemble — de la caisse des retraites pour la vieillesse.

Jetterons-nous un coup-d'œil rétrospectif sur le chemin que cette institution a parcouru depuis sa fondation? Ces sortes de revues ne sont jamais oiseuses : les faits, appuyés sur des chiffres, ne peuvent échapper à la sincérité.

Nous ne craindrons donc point de dire, dès à présent, que la caisse de retraites pour la vieillesse s'est définitivement affirmée, quant à l'immense importance de ses futurs résultats.

Les opérations qu'elle a effectuées, du 11 mai 1851 au 31 décembre 1860, accuse la confiance qu'elle inspire à si bon droit. Ces opérations, en effet, se résument ainsi qu'il suit (1) :

30,852,973ᶠ 28ᶜ ont été versés par 245,074 déposants, en capital aliéné ;		
29,166,193 06 — — 243.414 — en capital réservé ;		
Totaux 60,019.166ᶠ 34ᶜ versés par 488,498 déposants, et 60,019,166ᶠ 34ᶜ		
Arrérages de rentes perçus par la caisse. 9,247,812 50		
Total des recettes. 69,266,978ᶠ 84		
Remboursements { Après décès, de capitaux réservés (1,902 parties). 5,283,802ᶠ 08ᶜ ; De versements irréguliers ou dépassant le maximum (2,216 parties). . . . . 290,943 47 } 5,574,745 55		
Net de la recette. . . . 63,692.233ᶠ 29ᶜ		

Durant le même intervalle, la caisse a acheté pour

____

(1) Ces renseignements, comme ceux que nous citerons plus bas, nous les empruntons au dernier rapport présenté par la commission à l'Empereur sur les opérations et la situation de la caisse, pendant l'année 1860 (Imprimerie impériale, 1861.) — Le compte-rendu pour 1861 n'a pas encore paru.

2 millions 806,349 francs de rentes, qui ont coûté 63 millions 692,231 francs 10 centimes.

Elle a ouvert 112,094 comptes individuels.

Les rentes viagères qu'elle a fait inscrire au grand-livre de la dette publique ont été au nombre de 3,239,342 aux noms de 14,957 déposants, — la moyenne de ces rentes étant de 217 fr.

Enfin, elle a transféré à la caisse d'amortissement pour 1,368,132 fr. de rentes, qui ont coûté 31,772,169 fr. 72 c. représentant un capital nominal de 37,944,327 fr. 77 c.

Ces chiffres témoignent, irrécusablement, de l'action considérable que la caisse de retraites exercera, avant peu, dans le mouvement des institutions publiques de prévoyance. En raison de la spécialité de ses combinaisons, on peut dire que, quoique fondée depuis près de douze ans, elle n'a pas encore dépouillé les langes de son berceau. Les bienfaits qui doivent en dériver ne sont pas tous immédiats ; les liquidations de pensions qui lui incombent sont le plus souvent ajournées à de longues échéances.

Lorsqu'un certain nombre de rentiers jouiront des produits de leurs épargnes, il n'est pas à douter que la caisse de retraites pour la vieillesse n'acquière rapidement l'universelle popularité que lui doit réserver son objet si bienfaisant et si moral.

Jusqu'à présent, elle a surtout attiré les versements des classes laborieuses des villes et ceux des petits employés non appelés au bénéfice de l'application de la loi sur les pensions civiles ; quelques autres catégories de la population ont fourni l'appoint des déposants. Mais — et il faut le regretter — la caisse de retraites pour la vieillesse est encore trop peu comme au sein des campagnes (1).

C'est là surtout qu'il est nécessaire de la faire apprécier. Il faut que nulle part l'homme rangé n'ignore la faculté qu'il a, moyennant de faibles économies, de se garantir contre le dénuement qui, trop fréquemment, l'attend au déclin de sa vie; la possibilité où il est, en prélevant une part sur le fruit de ses sueurs, de laisser à ses enfants, à tous ceux qui lui sont chers, sinon un patrimoine, du moins la sécurité à l'âge où l'heure du repos aura sonné pour eux.

La caisse des retraites s'adresse à l'homme des champs autant qu'à tout autre; qui sait si un jour ne viendra pas où elle lui sera un moyen facile et commode de préparer à l'avance le bien-être des siens, en lui permettant de s'abriter contre les revers de la fortune? Pour nous, nous ne doutons pas qu'à une époque peu éloignée, peut-être, le livret de la caisse des retraites pour la vieillesse ne devienne un titre de famille. Pris au nom de l'enfant, il pourra être ajouté, comme

(1) Voici la classification professionnelle relevée pour 1860 :

		Hommes	*Femmes*	*Totaux*
1re	classe, ouvriers.	4,932	3,960	8,892
2e	— artisans patentés, marchands.	67	55	122
3e	— domestiques	23	100	123
4e	— employés	3,876	2,818	6,694
5e	— militaires et marins.	8	3	11
6e	— clergé et professions libérales.	96	72	168
7e	— rentiers sans profession.	320	306	626
8e	— AGRICULTEURS	25	15	40
	TOTAUX.	9,347	7,329	16,679

complément, à la dot de la jeune mariée, et quelquefois même en tenir lieu ; à un âge plus avancé, le père, la mère, l'oncle, voulant avantager leurs héritiers d'une jouissance plus hâtive, pourront abandonner à ceux-ci les biens qu'ils possèdent, s'ils ont su à temps se précautionner, en faisant les versements exigés pour obtenir une pension viagère.

Quoi de plus moral et de plus sensé que ces calculs prévoyants?

Mais nos prévisions seraient bien plus promptement réalisées si, comme nous le leur avons demandé au sujet des caisses d'épargnes, les propriétaires voulaient également favoriser, autour d'eux, la vulgarisation de la caisse de retraites pour la vieillesse. Pour cela encore, les associations, les distributions de livrets, l'intervention d'intermédiaires et de bienfaiteurs auraient les meilleurs effets.

Plus que de la caisse d'épargnes, le cultivateur, l'ouvrier agricole sont isolés de la caisse des retraites. Cette dernière institution n'est représentée, par les receveurs généraux et receveurs particuliers des finances, qu'aux chefs-lieux de département ou d'arrondissement. L'habitant pauvre ou peu aisé des communes rurales n'y pourra placer ses fonds, s'il est livré à ses seules forces; ou il ignorera les bénéfices importants qu'il lui serait permis d'en retirer, ou la nécessité d'un trop grand déplacement viendra refroidir ses meilleures intentions. Il lui faut donc un initiateur et un intermédiaire : ce double rôle, en égard aux intérêts qu'affecte la dépopulation, à qui reviendrait-il mieux qu'aux propriétaires?... Oui, des propriétaires — répétons-le à satiété — des propriétaires dépend l'avenir des campagnes. Qu'ils se réunissent, qu'ils s'arment contre le danger qui les menace. La désertion de la propriété foncière s'arrêtera dès qu'ils le voudront. Qu'ils ménagent à leurs ouvriers, par l'accès des établissements ouverts à l'épargne, la sécurité du présent et de l'avenir, et qu'ensuite ils ne regrettent ni raisonnements pour convaincre, ni efforts pour réussir ; alors, leurs craintes d'aujourd'hui seront bientôt dissipées. Les travailleurs ruraux, rassurés contre toute éventualité fâcheuse, éclairés sur leurs véritables intérêts, se voyant l'objet de soins bienveillants et assidus, reviendront de leurs préventions injustes ; — ils finiront par comprendre qu'il n'est nulle part ailleurs qu'à la campagne, pour eux, de position meilleure, et où ils puissent aussi facilement se procurer le bien-être et le bonheur.

CHAPITRE XI.

CAISSE DE PRÊTS AGRICOLES (1).

Sommaire : La possession du sol retient le paysan. — La sécurité du petit cultivateur. — Comparaisons. — Amélioration de
la production. — Avantages offerts par les caisses de prêts. —
Quotité des prêts. — Inconvénients à prévenir. — Stimulant
à la bonne foi. — Comment le crédit foncier peut être constitué. — *Solution simple et radicale, par les propriétaires eux-
mêmes, de la question des* ASSURANCES AGRICOLES.

Inciter les populations rurales à recourir à l'épargne,
à la prévoyance pour se soustraire aux pénibles éventualités dont elles sont sans cesse menacées ; les attirer
et les maintenir dans les voies du bien-être par la
moralisation et le travail, telle, avons-nous dit, doit
être la mission des propriétaires ; — belle et grande
mission ! — Mais ne peut-elle pas, ne doit-elle pas
s'étendre au delà ? N'est-il pas d'autres besoins qui
réclament une égale sollicitude ? N'y a-t-il pas d'autres
attaches, plus puissantes encore, qui retiendraient

(1) Le manuscrit de notre livre était achevé et venait d'être
livré à l'impression, lorsque fut publié, dans les journaux, le
très remarquable rapport soumis à Sa Majesté l'Impératrice
Eugénie, le 25 avril dernier, par la commission supérieure de la

15

sûrement à la culture du sol les ouvriers laborieux
aptes à le féconder? — Ces questions nous ont paru
mériter un sérieux examen.

Or, pour quiconque a vécu à la campagne, il est un
fait qui ne peut échapper à l'observation : c'est que le
paysan qui possède — ne fût-ce que la maison qui lui
sert d'abri — songe rarement à abandonner ses foyers.
Il se résignera sans doute à se séparer de ses enfants,
pour les envoyer, pour les placer à la ville; c'est là,
comme nous l'avons vu, l'un de ses rêves les plus chèrement caressés. Pour lui, la pensée de l'éloignement
ne lui viendra point. De ce qu'il a déjà, il conclut à la
possibilité, à l'espérance d'avoir davantage. Il ne sera
jamais riche, il le sait bien : son avenir lui est d'avance
tout tracé. Qu'importe ! pourvu qu'il ait du pain.
Tout, à ses yeux, se borne à cet horizon modeste.
Qu'avant de dire un dernier adieu à la vie, il ait eu le
temps de garantir sa vieillesse contre la faim, d'ajouter
quelques mottes de terre au chétif patrimoine qu'il a
reçu ou créé, — soyez-en sûr, il mourra en paix.

Si — et personne ne le contestera — de pareilles
dispositions existent généralement dans les campagnes,

Société du Prince Impérial pour les prêts de l'enfance au travail.
L'admirable institution due à l'initiative si généreuse de l'auguste fondatrice nous avait d'abord paru rendre sans objet la
création de nos caisses de prêts agricoles; nous étions presque
résolu, pour échapper au soupçon d'imitation que semblait
pouvoir justifier l'apparition tardive de notre œuvre, à renoncer
à une idée dont la conception et les développements nous
avaient coûté bien des recherches et des études. Réflexions
faites, pourtant, et cédant aux conseils d'amis et de personnes
bienveillantes depuis longtemps dans le secret de nos méditations, nous avons cru devoir maintenir ce chapitre.

Nous avons considéré, en effet, que, tout inférieures qu'elles

il est évident qu'il serait aisé d'en tirer un très grand
parti, en les faisant concourir à l'œuvre que nous
proposons dans ce livre. Préparer au travailleur agricole la faculté d'augmenter son bien-être, voilà donc
un infaillible moyen de le fixer aux champs. L'habitude de se servir de la caisse d'épargnes, de la société
de secours mutuels, de la caisse de retraites pour la
vieillesse, l'acheminera vers la première partie de ce
but. La société mutuelle lui offrira des consolations et
une efficace assistance pendant la maladie; la caisse
des retraites lui assurera une pension pour ses vieux
jours. Il est clair que pour la caisse d'épargnes, si
l'accès lui en est facilité comme nous l'indiquons, ses
économies propres, les primes pécuniaires qu'il aura
reçues, les versements que des intermédiaires bienfaiteurs auront directement effectués à son profit, — ces
ressources réunies lui constitueront, dans un certain
temps, un premier capital ; il se trouvera alors, pour
peu qu'il y soit aidé, en position d'améliorer son sort, et
finalement de devenir à son tour propriétaire. D'avance,
il tendra toutes ses facultés vers ce but ; dès qu'il aura,
il voudra avoir davantage, il voudra conserver.

soient à l'association inspirée par Sa Majesté l'Impératrice, et
comme organisation et comme profondeur de vues, les caisses
de prêts agricoles, telles que nous les présentons, répondent à
des nécessités particulières, évidentes, et forment le complément
— sous quelques rapports indispensable — des moyens que
nous proposons contre la dépopulation rurale. Et puis les applications que nous indiquons, les conséquences pratiques que
nous avons cherché à en tirer, nous sauveront peut-être, nous
l'espérons du moins, de tout reproche d'intempestive compéti-
tion. La bienfaisance et le crédit sont deux puissances qui peuvent se donner la main : elles ont beau se rencontrer sur la même
route ; elles ne sauraient réciproquement se nuire.

Mais la propriété, celle du moins qui consiste en une contenance très restreinte, est sujette à susciter bien des mécomptes. Tant de périls planent sur elle. Le petit cultivateur n'est jamais entièrement rassuré sur la continuité de sa possession. Qu'un sinistre inattendu survienne, ou une maladie, ou un de ces mille accidents dont la prévision échappe aux meilleurs esprits, qu'adviendra-t-il de lui? Cette incertitude aujourd'hui lui pèse; il est continuellement dans les transes. Combien serait-il plus tranquille, s'il pouvait jouir, au prix d'un insignifiant sacrifice, d'une entière sécurité. Par elle non-seulement l'ouvrier rural se déterminerait à demeurer définitivement aux champs où il est né, mais encore chacun de ceux qui lui tiendraient de près. Les familles agricoles, satisfaites de l'humble aisance à laquelle il leur serait désormais donné d'atteindre par de persévérants labeurs, ne se disloqueraient plus, comme elles l'ont fait jusqu'ici, pour se mettre en quête de cette aisance qu'elles auraient sous la main.

Et l'auxiliaire auquel nous demanderons un résultat aussi désirable sera une institution toute privée, qui aura pour objet la fondation, dans les communes, de *caisses de prêts agricoles*.

Cette idée — prise en dehors du sens plus étendu que nous lui attribuerons plus loin — se rattache, par plusieurs côtés, à celle qui a donné naissance aux *prêts d'honneur* stipulés dans les statuts de quelques sociétés de secours mutuels; à celle qui, en 1850, inspirait à M. Ferdinand Barrot, alors ministre de l'intérieur (1), un

(1) Circulaire du **20** février de la même année.

projet de *banque de prêts d'honneur* dans chaque département, — projet qui, jusqu'à ce jour, ne paraît avoir été nulle part exécuté, — Voici les points par lesquels nous nous rapprochons ou éloignons de ces deux systèmes.

Nous n'admettons pas qu'il soit jamais prudent, pour une société de secours mutuels, de sortir du cercle d'assistance le plus habituellement adopté par ces associations. Elles sont créées en vue de porter *secours* à leurs membres. Quand un sociétaire est malade, il reçoit des médicaments et une indemnité quotidienne ; il est visité par les médecins, assisté et quelquefois veillé, soigné et consolé par ses coassociés ; voilà le caractère général du secours ; — secours matériel, secours moral. — Mais, outre l'accomplissement d'obligations de cette sorte, et cumulativement avec ces obligations, autoriser les sociétés mutuelles à *prêter*, sur leurs caisses, des sommes même modiques, c'est faire descendre ces institutions du rang élevé qui doit être le leur, au degré d'un fâcheux mercantilisme ; c'est d'ailleurs les exposer — l'expérience l'a prouvé — à se voir un jour dans l'impossibilité de tenir tous leurs engagements. Si cela est vrai pour les villes, combien plus pour les campagnes !

Nous ne croyons donc pas que des prêts, sous quelque voile qu'ils se déguisent, puissent être permis aux sociétés de secours mutuels. Or, il est avéré que la difficulté qu'éprouvent la plupart des ouvriers ruraux à se procurer de l'argent exerce une nuisible influence sur la production culturale, en ce sens qu'elle l'empêche de s'étendre, comme il le faudrait, en raison des besoins croissants de la consommation. Des établissements qui rendraient accessible aux travailleurs la ressource de l'emprunt feraient le plus grand bien : tel est le but des caisses de prêts agricoles. Parallèlement placées à côté et en dehors des sociétés de secours mutuels, comme celles-ci basées sur l'association, elles tendraient à guérir de nombreuses souffrances, sans mettre en danger d'autres intérêts.

Quant aux banques de prêts d'honneur proposées en 1850, quelle était leur destination ? — « Parmi les » causes qui contribuent le plus à la misère, surtout » dans les campagnes, » — disait M. le ministre dans sa circulaire, — « il faut placer en première ligne » les conditions ruineuses des emprunts usuraires. « Combien de familles pourraient être secourues par » un modeste prêt qui, en leur permettant de mieux » cultiver leurs champs, de mieux composer leur » cheptel, d'attendre le moment favorable à la vente » de leurs produits, leur permettrait aussi d'assurer » les profits légitimes de leur travail et la sécurité » de leur lendemain ! Combien d'expropriations dé- » sastreuses, de chômages forcés, d'épizooties inat- » tendues et d'autres accidents de même nature » pourraient être prévenus ou réparés par un peu » d'argent venant à temps payer une dette impérieuse, » soutenir un procès juste, acquitter des droits d'en- » registrement, aider à traverser un temps d'épreuves » et quelquefois sauver l'honneur ! » Telle était la cause « de misère et par conséquent de démorali- sation » que la banque des prêts d'honneur voulait « combattre et détruire. »

Ce programme est, en grande partie, le nôtre : sauf les bases d'organisation des banques de prêts d'honneur, sauf quelques restrictions apportées aux circonstances propres à justifier l'intervention des caisses de prêts agricoles, ces dernières doivent aboutir aux mêmes fins.

Les statuts dont nous présentons le projet (1) déterminent clairement le cercle d'action à parcourir. Expliquons toutefois brièvement les raisons qui nous ont invité à adopter les dispositions les plus saillantes.

Et, d'abord, l'association sera composée d'associés *honoraires* et d'associés *travailleurs* (2). Les premiers seront les propriétaires riches ou du moins dans l'aisance, sur lesquels notamment reposera la prospérité de l'œuvre. La grande et la moyenne propriétés étant celles qui ont le plus à souffrir de l'absence des bras, on s'étonnera peut-être de ce que nous semblons leur demander de nouveaux sacrifices. Hâtons-nous, à cet égard, de rassurer les esprits qui pourraient être inquiets. La restauration des intérêts agricoles doit être surtout à l'avantage de la grande et de la moyenne propriétés : elles ne tarderont pas à en profiter, et dans une mesure, nous le croyons, qui les dédommagera amplement des avances qu'elles auront été appelées à faire.

On remarquera le soin que nous avons mis à limiter la faculté des emprunts aux seuls associés travailleurs

____

(1) Voir, ci-après, à l'*Appendice*, pages 269 et suivantes.
(2) Art. 2 du projet de statuts.

« jouissant notoirement de bons antécédents, d'une
« moralité irréprochable , d'habitudes de travail ,
« d'ordre , d'économie , et reconnus comme ne fré-
« quentant point les cafés, auberges ou cabarets ; »
de plus, nous accordons la préférence, pour la distribution des prêts que la caisse peut avoir à faire
aux petits cultivateurs, à ceux d'entre ces derniers
qui, ne s'en tenant pas exclusivement à leurs propres
biens , vont habituellement travailler sur les domaines de leur voisinage (1). Ces conditions nous ont
paru indispensables. Où la caisse de prêts agricoles
doit-elle viser, en effet ? N'est-ce pas à élever le
niveau de la moralité publique, en même temps qu'à
assurer à toutes les surfaces arables les préparations
les plus complètes que réclament les nécessités d'une
fertilisation rationnelle? Or, notre système, espérons-
nous, ferait naître entre tous les associés travailleurs
une émulation salutaire. Bien des ouvriers agricoles,
à présent, méconnaissant leur propre dignité, sont
peu soucieux d'adopter une ligne de conduite prudente, sage, de réaliser des économies qui, d'après
leurs habitudes acquises, n'auraient pas de but précis. Ils dissipent leurs maigres salaires en dépenses
inutiles. Ceux-là, cependant, sont les plus âpres au
gain ; ils se montrent démesurément exigeants dans
leurs prétentions, et, une fois engagés, s'appliquent à
rendre le moins de travail possible, gaspillant un
temps qui leur est chèrement payé. Bien des petits
cultivateurs aussi, subissant les mêmes influences,

(1) Art. 20 du projet de statuts.

s'abstiennent de prêter le concours de leurs bras à
leurs riches voisins, à moins d'y être contraints par le
besoin ; ils aiment mieux se reposer que se rendre
utiles. Que de labeurs fructueux sont ainsi perdus !
Si les travailleurs ruraux étaient directement intéressés, comme ils le seraient par l'existence de notre
caisse de prêts, à se montrer plus consciencieux, plus
laborieux, plus serviables, et que de leur nonchalance
ou de leur activité dépendît pour eux la certitude d'un
meilleur avenir, la préservation de leur petite fortune,
on les verrait bientôt, nous en sommes convaincu,
faire preuve de sentiments plus moraux, de bonne
volonté et de zèle. Tous alors s'efforceraient, à l'envi,
de se rendre dignes du bienfait que leur aurait promis
l'association ; ils seraient plus empressés, les uns, de
remplir strictement leurs engagements, les autres,
d'aider leurs voisins ; — et, répétons-le, en augmentant la somme de travail que recevraient la moyenne
et la grande propriétés, ils feraient plus qu'indemniser
leurs coassociés honoraires des sacrifices apparents
que ceux-ci se seraient volontairement imposés.

Nous avons cru devoir indiquer, d'une manière
générale, les cas auxquels devraient être limités les
prêts. L'art. 21 de notre projet porte qu'ils seront particulièrement consentis pour aider les emprunteurs « à
» payer des dettes contractées par suite de maladies ou
» de revers de fortune immérités ; à se procurer des
» instruments de travail ; à acquérir, à l'aide d'écono-
» mies déjà réalisées par eux et dont on pourra les
» obliger de justifier, une maison, un champ, un jar-
» din ; à parer à des désastres inattendus et qu'il

» n'était pas possible de prévenir, à des améliorations
» de bâtiments ruraux, à des changements utiles et
» bien entendus dans les conditions d'exploitation du
» sol ; en un mot, les sommes prêtées devront être
» exclusivement *réservées à un emploi qui puisse être*
» *considéré comme constituant un excellent placement*
» *dans l'intérêt du progrès agricole.*» Si nous avons ainsi
défini, circonscrit en quelque sorte le cadre dans lequel
sont appelées à opérer les caisses de prêts, c'est que là
particulièrement se trouve toute leur portée immédiate.
Elles ne doivent point favoriser de nouveaux abus,
mais au contraire supprimer ceux qui peuvent exister.
En laissant aux comités d'administration chargés de
leur gestion un droit de souveraine appréciation, il
nous a paru nécessaire de les mettre en garde contre
la possibilité d'entraînements dangereux. Ce serait à
ces comités de veiller assidûment à ce que l'intention
qui nous a dirigé ne fût jamais dépassée. Dans notre
pensée, au reste, la caisse de prêts, à l'usage des campagnes, doit être, avant tout, un établissement de
crédit ; or, le crédit est surtout utile, au point de vue
de la dépopulation rurale, non-seulement aux ouvriers
non possesseurs qui se sont résolus à consacrer leurs
bras au travail de la terre, mais encore à ceux qui ont
à faire valoir un mince héritage, ou à placer leurs
économies dans la culture du sol. Il y a pour les travailleurs ruraux, nous l'avons dit, des chances aléa-
toires à courir. La caisse de prêts doit leur être une
providence dans les moments difficiles, et leur servir
d'échelon, toutes les fois qu'il sera possible, pour les
faire atteindre à ce qui pour eux est le point culminant

de la prospérité : la fructification de leurs épargnes et
de leur travail. C'est ce qu'elle ferait, en mettant à leur
disposition les capitaux, souvent insignifiants, par
l'emploi desquels ils pourraient ou se soustraire à des
conditions fâcheuses qui toujours — ceci doit être bien
entendu — devraient-être indépendantes de leur
volonté, ou se livrer à de réelles améliorations culturales. Combien d'ouvriers qui se découragent et s'éloi-
gnent de leurs foyers, parce qu'il ne leur est pas possible de s'acquitter de dettes que leur ont imposées de
malheureuses circonstances, parce qu'il leur manque
des instruments de travail, ou parce qu'ils ne sont
rattachés au sol par aucun lien ! Leur mettre dans les
mains le moyen de parer à ces difficultés, c'est les soustraire à leur découragement et les conserver à l'agriculture. Quant aux améliorations que nous voudrions
voir introduire dans le régime de la petite propriété,
elles sont presque toujours interdites au cultivateur
pauvre, faute d'avances. Son revenu n'est pas toujours
suffisant pour le faire vivre, lui et sa famille, et lui laisser
un bénéfice net. A peine — comme on dit — joint-il les
deux bouts. Sans doute, il travaille obstinément la
terre ; il la tourne et la retourne dans tous les sens ; il
sait que le travail seul la fécondera ; mais n'en retire-
rait-il pas de plus abondantes récoltes, s'il pouvait
ajouter à son travail des amendements nécessaires, s'il
pouvait varier ses assolements, irriguer ou drainer,
défoncer et ameublir de mauvais terrains, faire des
plantations, nourrir plus de bétail, etc...; en un mot,
faire subir à son bien les transformations qu'il compor-
terait ? — La réponse ne saurait être douteuse.

On comprendra donc comment nous avons été amené à délimiter les effets de l'association pour les prêts à opérer. Des considérations de la même nature nous ont guidé quant à la fixation précise de quelques autres avantages qu'il était convenable que la caisse pût accorder. Ce qu'il fallait particulièrement obtenir, c'était la suppression non-seulement de l'usure, mais même de toute condition onéreuse pour les emprunteurs. En prêtant *sans intérêt*, en dispensant d'actes publics qui entraînent toujours des frais hors de proportion avec les sommes que sont en état de se procurer les ouvriers agricoles (1), la caisse de prêts réalise une incontestable amélioration. En effet, actuellement encore, malgré l'abondance des capitaux à la campagne, l'argent est rare — trop rare — dans les ménages peu aisés ou pauvres. Grâce à la cherté des denrées qui s'y récoltent, les propriétaires de domaines de quelque étendue y trouvent une source de profits assurés : les sinistres, communément, n'en frappent pas l'intégrale superficie ; une partie au moins en demeure préservée et atténue — pourrait-on dire — les pertes survenues ailleurs. Les exploitations de quelques hectares, de quelques ares à plus forte raison, ne jouissent pas de la même immunité. Ici la gêne est fréquente. Qu'un désastre arrive, il suffit de cette fois pour amener une ruine difficile à réparer, et elle sera d'autant plus vite consommée, que le malheureux cultivateur qui en sera victime n'aura point les réserves nécessaires pour faire face à ses obligations même les

____

(1) Art. 25 et 27 du projet.

plus urgentes. Que fera-t-il en cette situation perplexe?
Cherchera-t-il à emprunter? Ses voisins seront sourds
à ses doléances. Il ne trouvera quelque argent que sur
hypothèque ; encore la somme sera-t-elle loin de représenter la valeur hypothéquée. Mais, outre cela, il aura
à payer un intérêt — peut-être usuraire ; à cet intérêt,
il faudra ajouter des frais qui l'élèveront à 10, 15, et
qui sait? peut-être 20 pour cent. Et pour le simple
ouvrier, qui n'aura point de gage à fournir en retour
de la somme qu'il voudra se procurer, les conditions
seront encore bien autrement dures et difficiles à remplir... Comment l'emprunteur se tirera-t-il de ce pas
périlleux? Il ne pourra échapper à l'absolu dénuement,
à moins de miracle...

Avec la caisse de prêts agricoles, cette catastrophe
serait évitée. Moyennant le paiement annuel d'une
somme minime (1), le petit cultivateur, l'ouvrier laborieux aurait droit, dans la limite des ressources de
l'association, à un prêt qui, sans entraîner pour lui
aucune autre charge que celle de la restitution, le
mettrait en position de se relever d'une détresse passa-
gère ; encore avons-nous cru devoir lui rendre aussi
facile que possible sa libération à l'échéance, en lui
indiquant la caisse d'épargnes pour le dépôt temporaire des sommes qu'il lui serait donné de consacrer
successivement au remboursement de son emprunt (2).
Dans tous les cas, avant comme après, il serait sûr
de son lendemain.

(1) Art. 28 du projet.
(2) Art. 25 idem.

Sûr de son lendemain ! Voilà — nous le répétons — la garantie qu'il faut au travailleur des champs, et qui lui manque ; voilà la garantie que nous voudrions qu'il pût avoir. Sous une pareille égide, il serait heureux ; le découragement ne s'emparerait pas de lui. Fortifié dans ses laborieuses habitudes par la certitude d'être aidé alors que des calamités viendraient le frapper, il ne verrait dans le travail que l'exercice d'un devoir doux à remplir. Il ne songerait pas à rompre, au mépris de tout sentiment humain, les liens de famille qui aujourd'hui lui pèsent parfois, et dont il se débarrasse comme d'un incommode fardeau. L'avenir lui sourirait ; aussi, dégagé de toute préoccupation, de toute appréhension fâcheuse, n'aurait-il en vue que d'accroître cette somme de tranquillité, en s'appliquant à faire rapporter à la terre — autant à celle qui ne lui appartiendrait pas qu'à celle qu'il posséderait — la plus grande part possible des richesses enfouies dans son sein, et la terre ne serait point avare.

On le voit, les règles auxquelles nous nous sommes arrêté n'auraient pas seulement pour conséquence d'intéresser d'une manière bien autrement vive que par le passé le travailleur à la culture du sol ; elles auraient aussi celle de hâter l'expansion de la richesse publique. — Combien d'hectares en friche, tout-à-fait abandonnés, qui, entre les mains de cultivateurs assistés par la caisse de prêts, seraient de la plus grande fertilité ! Que de pertes seraient prévenues par l'application de notre système !

Et que la modicité des emprunts ne soit pas consi-

dérée comme un obstacle à ces résultats. La somme la
plus forte qui puisse être prêtée à la même personne
ne devra jamais excéder 200 fr. (1). Il pourrait être
dangereux de dépasser ce chiffre ; il sera prudent de
rester le plus souvent en dessous. Cette limitation nous
a paru devoir être imposée par le but même que nous
poursuivons. Cinquante, cent, deux cents francs sont
une petite fortune pour un ménage rural. L'ouvrier
laborieux, avec l'une ou l'autre de ces sommes, sera
toujours en mesure de se procurer un accroissement
de revenus d'une grande influence sur son bien-être et,
partant, sur son goût au travail. Il pourra, d'ailleurs,
la rembourser facilement.

D'un autre côté, nous nous sommes plu aussi à tenir
compte de quelques inconvénients qui ne se trouvent
peut-être nulle part autant apparents que dans la vie
rurale.

L'homme des champs cède trop facilement à deux
inclinations qui lui sont également funestes : jeune, il
lui tarde de se créer une famille, et ne sait pas toujours
attendre que le moment de s'établir soit venu pour lui ;
marié, il se laisse prendre par une soif, une sorte de
rage de possession qui n'admet ni calcul, ni temporisation. Excès de part et d'autre. Là, deux causes de
malaise, d'agitation, d'inquiétude, contre lesquelles il
importerait de le prémunir. Notre caisse de prêts agricoles y remédierait, pensons-nous. En effet, d'après
l'esprit général de notre projet de statuts, nul ne devrait
être admis à contracter un emprunt, si — par sa faute —

(3) Art. 23 du projet.

soit imprévoyance, soit inconduite, il s'était placé dans une situation embarrassée, d'où ne pourrait le tirer un prêt peu élevé, et si, d'ailleurs, il n'offrait pas, au point de vue de ses habitudes de travail, de son honnêteté, de sa bonne foi, la garantie à peu près certaine qu'il ferait tous ses efforts pour rembourser la caisse de prêts de son avance. Il est naturel d'entendre qu'aucune dérogation à cette règle ne devrait être admise : le prêt gratuit ne saurait avoir d'effet utile qu'autant qu'il constituerait un avantage réel pour celui en faveur de qui il serait consenti. Par là, un but de haute moralité serait atteint. Pour pouvoir profiter des bénéfices que leur offrirait la caisse de prêts, les jeunes ouvriers ruraux seraient obligés d'économiser, avec le plus grand soin, toute la partie de leur salaire que ne réclameraient pas impérieusement leurs véritables besoins. A la prodigalité ou à l'insouciance qu'ils montrent aujourd'hui, il y a tout lieu de croire que succéderaient des pratiques plus ordonnées et plus régulières. Dans cette situation, leurs tendances à un établissement prématuré trouveraient dans la nécessité même un correctif suffisant. La nécessité est, pour le paysan, une loi absolue : quand il s'y trouve en présence, il réfléchit et opte pour le mieux de ses intérêts. Devant la caisse de prêts agricoles, dont les avantages lui seraient formellement refusés, s'il ne remplissait pas les conditions voulues, il ne manquerait pas de se livrer à un monologue de ce genre : « Je n'ai rien encore, ou du moins ce que j'ai ne me permet pas de faire vivre, même avec mon travail, femme et enfants : me marier, c'est me vouer à la misère. Si je puis économiser quelque argent pour acquérir et payer en partie un peu de bien, une maison, un champ, une petite vigne, il me sera loisible de m'adresser à la caisse de prêts, et, plus tard, je pourrai m'arrondir. Attendons. »

Ainsi se parlerait le domestique ou le journalier agricole; et il se garderait bien de prendre une compagne avant l'heure, c'est-à-dire d'aggraver inévitablement, par un mariage intempestif, les chances déjà précaires de son avenir. Car s'il est convenable, s'il est moral d'encourager partout la vie de famille, il n'est pas moins essentiel d'empêcher qu'au lieu d'une cause de bonheur, elle puisse devenir une source d'inquiétudes, de troubles et de regrets.

Les mêmes causes réagiraient sur la manie qu'ont parfois les particuliers les moins riches d'acheter, d'acheter toujours, sans payer, sous prétexte de bonnes affaires. Il n'est malheureusement que trop fréquent de rencontrer, dans les campagnes, de pauvres diables qui, sans sou ni maille, parce qu'ils ont déjà un petit bien, — ils ne trouveraient pas à acheter sans cela,— s'imaginent s'enrichir plus rapidement, en augmentant leur fonds. C'est là une erreur grossière; mais pas n'est besoin d'essayer de les désabuser; on n'y réussirait pas. Eh bien! ce que le raisonnement ne parviendrait pas à faire, nous nous sommes demandé si nous pourrions l'obtenir de la caisse de prêts agricoles. Nous n'avons pas tardé longtemps à incliner pour l'affirmative. En voici les raisons. Le paysan est très rebelle à toute idée qui s'éloigne de ses préjugés; il n'y a qu'un mobile qui, chez lui, domine tout: ce mobile, — que nous avons déjà maintes fois indiqué, —

c'est l'intérêt. Mais son véritable intérêt, quand il s'agit uniquement de lui, le paysan ne le voit pas toujours tel qu'il est ; pour qu'il le comprenne bien, il faut qu'il en puisse juger par comparaison. Or, en ne venant en aide qu'à des familles prudentes, sensées, qui, bien qu'encore peu aisées ou pauvres, ne se seraient pas endettées pour se charger d'exploitations au dessus de leurs forces et de leurs ressources, la caisse de prêts ménagerait évidemment, infailliblement à ces familles des moyens certains de prospérité. Leurs revenus, stimulés par les améliorations qu'un ou plusieurs prêts leur auraient facilitées, deviendraient plus grands ; du même coup, l'aisance entrerait chez elles, et se traduirait bientôt par des signes visibles. Le remboursement des avances qu'elles auraient reçues pourrait ainsi avoir lieu à l'échéance. Le cultivateur assez malavisé pour avoir acquis imprudemment plus de bien qu'il n'en pourrait travailler se trouverait, au contraire, placé dans des conditions toutes différentes. Obéré déjà, par suite de sa fausse situation, voulût-il en sortir, qu'il n'y parviendrait point. Tout au plus pourrait-il pourvoir à la subsistance de sa famille ; car il faut vivre. Quant à s'acquitter de ses dettes, on devine qu'à moins d'heureux hasards, sur lesquels on ne saurait jamais compter, il devrait en éloigner jusqu'à la pensée.

Ainsi, tandis que ceux que la caisse des prêts agricoles admettrait à ses libéralités verraient s'ouvrir un nouveau champ à leur activité, à leurs espérances, celui qui en serait repoussé n'aurait devant lui, par le fait seul de son imprévoyance, que des embarras croissants, — la nécessité de revendre son bien à perte, l'expropriation peut-être, à coup sûr la gêne et les privations. Certes, en présence d'un parallèle aussi tranché, il ne serait pas un seul cultivateur, même des moins intelligents, qui ne distinguât vite de quel côté seraient les avantages et la défaveur.

Un autre objet non moins important de notre caisse de prêts serait d'aider, par la considération qui s'attacherait indubitablement à des institutions de ce genre, par le rapprochement de tous les hommes tenant, de quelque manière que ce soit, aux intérêts agricoles, à développer et à fortifier, entre tous, une mutuelle confiance, à compléter l'épurement de la civilisation — encore trop relative — des masses populaires. On ne ramène jamais mieux que par les bienfaits les classes qui se croient déshéritées aux principes de l'honneur, de la famille, de la morale, ces éternelles colonnes qui servent d'appui à toute société policée. Aussi avons-nous inscrit dans les statuts la bonne foi (1) comme la principale sauvegarde des engagements passés par les emprunteurs ; leur signature doit être exigée à titre de souvenir plutôt que de sécurité. Au besoin, à la vérité, notre projet contiendrait une sorte de sanction pénale. S'il accorde, pour les rares cas qui le pourraient nécessiter, la faculté de prolonger d'une année le délai de remboursement (2), il exige, du moins, que ce remboursement soit effectué au dernier terme de l'échéance; à défaut, la somme prêtée serait productive de l'intérêt à

(1) Articles 22 et 34 du projet.
(2) Art. 23.

5 p. o/o (1), et le recouvrement en devrait être poursuivi par toutes les voies, — sans préjudice de l'application rigoureuse, au débiteur, de l'exclusion de l'association, et de l'ajournement à cinq années, à partir de la date de l'intégral remboursement, de la possibilité d'être réintégré comme membre travailleur (2). Mais espérons que ces dispositions demeureront, le plus fréquemment, à l'état de lettre morte : la coercition est toujours fâcheuse, surtout quand il s'agit de l'accomplissement d'obligations librement consenties. — La bonne foi ! voilà le gage qu'il convient, qu'il est essentiel de demander à l'habitant des campagnes. C'est là un des meilleurs sentiments qui puissent être réveillés en lui.

Relevons, enfin, un dernier point de la caisse de prêts, — celui par où il nous semble que notre projet pourrait surtout être appelé à coopérer à l'acheminement de la propriété foncière vers de nouvelles et plus brillantes destinées.

Le crédit agricole, du moins pour la moyenne et la petite propriétés, n'existe pas (1) ; il n'est sérieusement

(1) Art. 25 du projet.

(2) Art. 35.

(1) Notre affirmation semble en contradiction avec ce que nous avons dit ci-dessus, à la 1re partie, page 32, à l'endroit des compagnies du Crédit foncier et du Crédit agricole. Mais elle n'en est pas moins vraie. Les deux puissantes associations dont nous venons de parler sont très utiles à la grande propriété. Les moyens ou les petits propriétaires ne peuvent ou n'osent s'y adresser : de trop nombreuses formalités, la longue durée de l'intervalle pendant lequel s'opère l'amortissement, la limitation des prêts à la moitié de la valeur des biens offerts en gage, la crainte de sinistres et par suite l'éventualité de la

possible que favorisé, couvert par *l'assurance*. Tant que la propriété se trouvera exposée, sans garantie complète, aux *risques* de grêle, de gelée, d'incendie, d'inondation, de mortalité de bestiaux, de désastres atmosphériques de toute nature, perpétuellement suspendus sur elle comme une menace inéluctable, elle aura de la peine — quels que soient les progrès de la culture — à se maintenir constamment dans l'état de prospérité ascensionnelle où peut, où doit l'amener le travail fécondant et réparateur des populations rurales. Or, l'institution de l'assurance, comme nous l'entendons, est à fonder. Il y a sans doute en France, comme partout, des compagnies, des associations qui portent ce titre. Elles ne nous paraissent pas répondre au but à atteindre. Leurs conditions sont onéreuses à la propriété, et, en échange, elles n'offrent que des compensations hypothétiques, insuffisantes.

L'assurance est donc indispensable pour édifier sur de solides assises le crédit agricole, qui aujourd'hui lui fait défaut et dont l'absence est si funeste à la propriété foncière.

Or, de *l'unification* de l'assurance vient la seule difficulté. Cette difficulté est sans doute sérieuse; mais est-elle absolument insurmontable ?

---

déchéance faute du paiement des intérêts et annuités jusqu'à final remboursement, — toutes ces circonstances arrêtent bien des familles au moment où elles seraient disposées à contracter des emprunts. — Le crédit, pour exister réellement, devrait s'étendre, sans exception, à toutes les divisions de la propriété foncière ; il devrait être également accessible au pauvre comme au riche, avec d'autant plus de raison que les moins aisés seraient ceux qui auraient le plus souvent besoin d'y recourir.

Quoique nous ne puissions à cette place — et on le comprendra — étudier à fond une question de sa nature aussi complexe, on voudra bien ne pas trouver mauvais que nous donnions un aperçu de notre manière de voir sur ce sujet important : nous ne voulons du reste, en ce moment, que prendre possession — pour ainsi parler — d'une idée qui nous paraît féconde, et à laquelle nous avons l'intention de consacrer, plus tard, un travail spécial.

L'*unité* de l'assurance serait immédiatement réalisable de deux manières : — ou par l'intervention de l'État organisant l'assurance en service public, sauf à l'annexer à l'une des administrations financières, qui serait chargée de la perception des primes sous forme d'impôt, de l'appréciation des sinistres et de la liquidation des indemnités; — ou par la création d'une association générale ou d'associations locales composées de *tous* les détenteurs de la propriété, sans exception, se substituant, dans leurs circonscriptions respectives, aux divers établissements d'assurance présentement existants; associations qui, représentées chacune par une administration simple et peu dispendieuse, fonctionneraient sous la surveillance du gouvernement et le contrôle de tous les sociétaires intéressés, et, n'ayant ni dividendes ni bénéfices à rechercher, seraient en mesure, moyennant des primes d'un taux très modéré, de réparer entièrement l'universalité des désastres qu'aurait à essuyer la propriété foncière.

Le mode d'assurance *immédiate* et *obligatoire*, par l'intervention de l'État, au moyen de l'établissement d'un impôt spécial, fut mis en avant, il y a quelques années. Dans toutes les régions de la politique et de l'administration, depuis les conseils municipaux jusqu'au sénat, les esprits s'en émurent profondément, et aussi parmi les populations agricoles elles-mêmes. Une étude longue, approfondie eut lieu. Les projets élaborés, toutefois, ne purent naître viables : ils ne dépassèrent jamais officiellement, dans les assemblées délibérantes, l'enceinte du conseil d'État, la première juridiction législative. — Le pays tout entier, on se le rappelle, accueillit avec regret la nouvelle du retrait de ces projets.

Nous n'examinerons pas la valeur des arguments qui, à cette époque, furent émis pour ou contre, soit dans la presse, soit ailleurs. Les motifs qui triomphèrent durent avoir, certes, une haute gravité. Il ne se fût pas agi de moins, avec l'assurance obligatoire par l'État, que d'exproprier brusquement, sous condition du paiement d'indemnités préalables, à la vérité, les compagnies en possession des assurances libres, et d'instituer, en faveur de l'État, un immense monopole sans précédent et qui, disait-on, eût eu pour corollaire la destruction, le renversement des principes de liberté sur lesquels est basé l'édifice de notre législation. Quelque affligeante que soit cette détermination, l'assurance *obligatoire* par l'État est écartée, et il n'est pas à espérer que les pouvoirs publics reviennent jamais sur la dernière décision qui a été prise.

Passerons-nous sous silence le seul résultat qu'ait laissé la tentative généreuse dont nous venons de parler? — Son avortement fut suivi de la création d'une nouvelle compagnie *mutuelle à primes fixes* qui, à part son caractère mixte, ne paraît pas devoir modifier sensiblement l'état de choses antérieur.

Ainsi, au lieu d'avoir fait un pas en avant, l'unification de l'assurance n'aurait rencontré devant elle qu'un obstacle de plus ; voilà tout.

Reste donc seulement le second mode que nous avons mentionné : une association unique, ou un nombre indéterminé d'associations particulières et locales, faisant leurs propres affaires avec économie, et, en favorisant l'intérêt de chacun, sauvegardant, sans préférence et sans lacune, les intérêts de tous.

Assurément, si l'initiative individuelle, échappant enfin à l'inertie qui la tient dans l'immobilité, voulait s'en mêler, elle pourrait, sans transition, sans délai, — aujourd'hui ou demain, — accomplir l'œuvre la plus magnifique peut-être et à coup sûr l'une des plus utiles de ce siècle : l'exonération, pour l'agriculture, de toute calamité, de tout fléau, et, par là même, la *création* du crédit foncier...

On ne se rend pas assez généralement compte, en France, de l'immensité de puissance de l'association étendue aux masses. Les esprits intelligents ne l'ignorent point ; mais les classes agricoles, qui seraient les mieux placées pour en tirer profit, sont particulièrement celles où la vérité, à cet égard, a le moins pénétré. A-t-on jamais supputé les sommes que produirait l'association de tous les propriétaires réunis dans un intérêt commun, et s'imposant, par jour ou annuellement, l'épargne la plus modique ? Il y a dans notre pays, on le sait, un peu plus de *treize millions* de cotes foncières (1). En prélevant *un sou* par jour pour chacune, — soit 1 fr. 50 c. par mois et 18 fr. par an, — on réaliserait, en une seule année, *deux cent trente-quatre millions* de francs ; à raison de 1 fr. par mois ou 12 fr. par an, on obtiendrait dans le même intervalle CENT CINQUANTE-SIX MILLIONS.

Or, le montant général des pertes agricoles, en France, dépasse rarement, selon toute probabilité, le chiffre de *100 millions* par an ; la moyenne doit être de beaucoup inférieure, et elle ne peut que diminuer encore, en suivant dans un rapport inverse la progression du perfectionnement des cultures. Ainsi, moyennant le sacrifice annuel d'une somme qui, toute proportion gardée entre l'importance respective des cotes foncières, représenterait *douze francs* pour chacune de ces cotes, la constitution immédiate, réelle, efficace de l'assurance pourrait évidemment passer du domaine de l'hypothèse dans celui de la réalité.

Mais, il le faut avouer, il est difficile d'entrevoir, dans un temps prochain, une création aussi étrangère à l'esprit si étroitement spéculatif de notre siècle. Des obstacles se présentent à chaque pas. Comment asseoir la proportionnalité du concours de chaque cote foncière suivant sa valeur ? Qui fixera les règles à suivre ? Qui attirera les petits cultivateurs — détenteurs des neuf dixièmes des cotes — dans l'association ? Il faudrait, pour le succès, un concours de circonstances au moins improbable. Les compagnies et sociétés qui se partagent le monopole des assurances, de leur côté,

(1) Voyez la page 10 ci-dessus, à la note.

tiendront à le garder : elles se roidiront contre toute proposition tendant à les dépouiller. En cela, elles feront preuve de discernement et de lumières ; nous ne souhaiterions aux propriétaires, pour les voir se soustraire au joug qui pèse sur eux, que le centième de l'habileté, de l'énergie qui, en cas de danger seulement pressenti, seraient mises en œuvre pour les y maintenir.

Il pourrait donc être préférable de chercher en dehors de toute base connue, et seulement dans l'avenir, la solution de l'unification de l'assurance.

Or, cette solution, elle n'est peut-être pas aussi impossible qu'on serait porté à le croire. — Examinons comment la caisse de prêts agricoles la fournirait tout naturellement, tout simplement, par la force même des circonstances.

On a vu plus haut quelles sommes importantes produirait le recouvrement, pour chaque cote foncière, d'un prélèvement périodique de *dix-huit* francs ou de *douze* francs par an. — Eh bien ! la caisse de prêts agricoles n'exigerait pas une souscription annuelle aussi forte que celles qui viennent d'être indiquées. L'art. 28 du projet de statuts, en effet, la fixe à six *francs* pour les associés *travailleurs*, mais se borne à laisser aux associés *honoraires* fondateurs le soin de déterminer eux-mêmes le *minimum* de leurs offrandes. Le § 2 ajoute seulement : « Les versements de sommes plus élevées » sont toujours facultatifs ; ils seront acceptés avec » reconnaissance. » — Assurément, la souscription des membres honoraires sera partout au moins égale à celle des associés travailleurs : il ne serait pas possible qu'il en fût autrement, ou l'œuvre devrait être considérée comme étouffée et mutilée dans son germe. Et n'est-il par permis de compter sur de nombreuses générosités, en vue d'un objet aussi considérable? Quoi! serait-il admissible que, dans la circonscription embrassée par une caisse de prêts, — si exiguë que fût cette circonscription, — il ne se trouverait pas quelques personnes riches assez dévouées à la prospérité générale du pays, ou même seulement à leurs propres intérêts, pour user de la faculté d'accroître, par des dons volontaires, les ressources de l'association? Non, non! Le doute ne nous paraît pas permis; il serait une injure gratuite au bon sens, au patriotisme des propriétaires. Nous en sommes sûr, d'abondants subsides viendraient de toutes parts alimenter les caisses de prêts, en sus des souscriptions individuelles des sociétaires: ils suffiraient probablement, et au delà, à compenser l'abstention des intéressés qui, obéissant à des préjugés pusillanimes ou à une coupable indifférence, hésiteraient à se faire agréger et resteraient isolés de l'institution naissante — sauf, plus tard, quand ils en pourraient tirer un profit certain, à lui réserver leurs faveurs.... Mais nous ne voulons pas spéculer sur cette éventualité ou plutôt sur cette certitude; nous tenions uniquement à la signaler. — Supposons qu'en moyenne la souscription, toute compensation faite entre les associés honoraires et les associés travailleurs, ne dépassât pas le taux annuel de *six francs*, — soit *cinquante centimes par mois* ou *1 centime 66 millièmes par jour*, — le total des sommes ainsi accumulées pour toute la France, à raison de 13 millions de souscripteurs, — autant que de cotes foncières, — serait, en comptant la capitalisation des intérêts au taux de 4 p. o/o assigné à la caisse des dépôts et consignations, savoir : *en un an*, *de 78 millions*; EN DIX ANS, DE 973 MILLIONS; EN VINGT ANS, DE DEUX MILLIARDS 427 MILLIONS (1).

(1) Voici, pour ne laisser de doute dans aucun esprit, un tableau présentant le calcul du produit d'une somme de 78 millions annuellement réalisée, pendant vingt ans, avec reports et capitalisation successive des intérêts à 4 p. o/o :

Années	MONTANT de chaque annuité.	CAPITAL réalisé au 1er Janvier.	TOTAL des FONDS réalisés.	INTÉRÊT à 4 p. o/o.	CAPITAL au 31 décembre
1re	78.000,000	78.000,000	78.000,000	3.120,000	81.120,000
2e	78.000,000	81.120,000	159.120,000	6.364,800	165.484,800
3e	78.000,000	165.484,800	243.484,800	9.739,392	253.224,192
4e	78.000,000	253.224,192	331.224,192	13.248,967	344.473,159
5e	78.000,000	344.473,159	422.473,159	16.898,926	439.372,085
6e	78.000,000	439.372,085	517.372,085	20.694,883	538.066,968
7e	78.000,000	538.066,968	616.066,968	24.642,678	640.719,646
8e	78.000,000	640.719,646	718.719,646	28.748,775	747.468,421
9e	78.000,000	747.468,421	825.468,421	33.018,736	858.487,157
10e	78.000,000	858.487,157	936.487,157	37.459,486	973.946,643
11e	78.000,000	973.946,643	1.051.946,643	42.077,866	1.094.024,509
12e	78.000,000	1.094.024,509	1.172.024,509	46.880,980	1.218.905,489
13e	78.000,000	1.218.905,489	1.296.905,489	51.876,219	1.348.781,708
14e	78.000,000	1.348.781,708	1.426.781,708	57.071,268	1.483.852,976
15e	78.000,000	1.483.852,976	1.561.852,976	62.474,119	1.624.327,095
16e	78.000,000	1.624.327,095	1.702.327,095	68.093,080	1.780.820,175
17e	78.000,000	1.780.820,175	1.858.820,175	74.352,806	1.933.172,981
18e	78.000,000	1.933.172,981	2.011.172,981	80.446,919	2.091.619,900
19e	78.000,000	2.091.619,900	2.169.619,900	86.784,796	2.256.404,696
20e	78.000,000	2.256.404,696	2.334.404,696	93·376,187	2.427.881,883

La composition des intérêts à 5 p. o/o, taux légal, augmenterait considérablement le capital à former pour racheter la propriété des désastres périodiques qui lui sont une cause de ruine : la souscription annuelle de 78 millions porterait l'ensemble des ressources, en *dix ans*, à UN MILLIARD DEUX CENT DIX-SEPT MILLIONS, et en *vingt ans*, à TROIS MILLIARDS TRENTE-QUATRE MILLIONS!...

Une fois un pareil capital réalisé, *il ne serait pas nécessaire de recourir à la continuation du paiement d'annuités quelconques.* L'intérêt à quatre pour cent de 2 milliards 427 millions ne serait pas moindre de QUATRE-VINGT-DIX-SEPT MILLIONS de francs. Cet intérêt —surtout si le gouvernement consentait à le compléter par l'abandon, au profit des associations, des fonds de dégrèvements et de secours pour pertes, dont l'allocation au budget général de l'État n'aurait plus de raison d'être, — cet intérêt, disons-nous, suffirait à parer largement à tous les désastres possibles, en même temps qu'aux frais qu'entraînerait l'organisation d'un service spécial ; — ce service surtout pouvant recueillir, dans chaque commune, le bénéfice de concours gratuits (1) qui lui feraient d'autant moins défaut, qu'ils auraient le double excitant de l'intérêt particulier et de celui de la fortune publique. Tout au plus — dans le cas où l'excédant ne serait pas jugé pouvoir faire face à ce dernier besoin — faudrait-il attendre un ou deux ans au delà des vingt années, afin d'obtenir un supplément de souscription qui comblât la différence. Toujours est-il que le fonctionnement régulier, permanent des caisses de prêts agricoles, si

(1) Nous pensons qu'indépendamment des propriétaires intéressés eux-mêmes, non sinistrés, dont l'intervention pour l'appréciation et le règlement des dommages serait peut-être le plus sûr moyen de contrôle, les autorités locales ne se refuseraient nulle part à s'occuper, soit officiellement, soit officieusement, mais dans tous les cas à titre purement gratuit, de l'exécution des dispositions qui seraient adoptées pour la mise en activité du service des assurances agricoles. Les maires, adjoints et membres des conseils municipaux seraient parfaitement placés pour prêter le plus utile concours à cette institution.

ces établissements embrassaient, par l'association, la généralité des possesseurs du sol, fournirait la solution complète, radicale de ce problème tant agité, jusqu'ici réputé insoluble, de l'*assurance agricole*.

Encore avons-nous à dessein négligé de tenir compte, dans les calculs que nous avons donnés, du produit des sommes qui seraient périodiquement versées par les associés travailleurs non possesseurs de cotes foncières : on nous concédera que le chiffre en serait assez considérable pour représenter et même excéder les portions de capitaux qui, durant la période d'accumulation, resteraient affectées au service exclusif des prêts.

Quel est le propriétaire, le petit cultivateur, même le domestique, l'ouvrier, le journalier, qui refuserait — en présence d'un aussi grand, d'un aussi immense résultat — de consentir à s'imposer un minime sacrifice de six *francs par an*, lorsque d'ailleurs le versement, dès la première année, ménagerait aux plus pauvres des ressources propres à les mettre à l'abri de tout désastre, à favoriser l'accroissement de leur aisance, de leur bien-être ?...

Dans ce qui précède, nous avons supposé l'ensemble des associations qui pourraient être formées sur toute l'étendue de l'Empire. La centralisation, en effet, serait le meilleur mode à adopter pour la plus juste répartition des effets de l'assurance. Qu'on le remarque, ici, l'assurance repose uniquement sur la mutualité. Or, la mutualité est d'autant plus puissante que ses opérations portent sur de plus larges bases. Localisée, renfermée dans une étroite circonscription, elle pourrait n'offrir que d'insuffisantes garanties. Nous comprendrions donc qu'au bout de vingt ans, lorsque toutes les associations instituées en vue des caisses de prêts se trouveraient à la tête des capitaux nécessaires pour la constitution définitive d'une *caisse générale d'assurances agricoles*, elles se confondissent et sollicitassent, de l'État même, leur direction, leur administration collective. Alors l'État serait en position d'accepter cette tâche, qui — lui étant offerte par l'unanimité des intéressés — échapperait à toute accusation de monopole ; alors aussi serait écartée naturellement l'obligation de payer aux compagnies d'assurances existantes d'importantes indemnités , pour cause de brusque dépossession, — obligation à laquelle ne pourrait aujourd'hui se soustraire le gouvernement, s'il voulait ou, plutôt, s'il pouvait entendre les plaintes, les doléances que formule tout bas la propriété.

Telles sont — exposées sommairement — les idées sous l'empire desquelles nous nous sommes placé, quand nous avons conçu notre projet de caisses agricoles ; la simplicité et la portée pratique de ces idées ne nous ont pas paru pouvoir être récusées. Nous avons, pour ainsi dire, *escompté* d'avance le bon sens, la pénétration, la générosité des propriétaires, en nous appliquant, indépendamment des prêts aux petits cultivateurs et ouvriers ruraux, à faire converger vers un autre but éminemment utile, élevé, considérable, — vers l'unification de l'assurance , c'est-à-dire vers la constitution d'un crédit foncier vraiment national et inébranlable, — les diverses forces dont la manifestation serait la conséquence de l'adoption de nos vues.

Voilà pourquoi nous n'avons pas hésité à insérer, dans les statuts, des dispositions ayant pour effet d'empêcher, ou du moins de rendre sans intérêt pour les associés, la dissolution des caisses qui viendraient à être créées (1).

Serons-nous compris ? Espérons-le. Le crédit est un ressort indispensable à tout mouvement progressif de la propriété. Ce ne serait pas le moins grand bien que produiraient les caisses de prêts, si elles avaient l'heureuse perspective de contribuer à l'établissement de ce levier de la régénération agricole ; et si l'on songe au peu de temps — car vingt ans ne sont rien dans l'espace — et au peu de sacrifices par lesquels les populations rurales seraient en mesure de résoudre elles-mêmes l'un des problèmes les plus vitaux de l'époque contemporaine, on se demande si elles ne seront pas assez éclairées, assez courageuses, pour vouloir essayer d'un moyen de salut qui s'offre à elles, et dont elles pourraient profiter avant de le léguer à l'avenir...

Nous ne poursuivrons pas plus loin nos explications; la lecture et l'examen de notre projet de statuts y suppléeront. — Bornons-nous à faire ressortir, encore une fois, que les caisses de prêts agricoles, ne dussent-elles avoir d'autre effet que de retenir au sol les familles des ouvriers et des petits propriétaires cultivateurs, seraient destinées à rendre à la production culturale d'assez grands services pour mériter l'attention publique.

(1) Art. 37 et 38 du projet.

CONCLUSIONS.

—

Nous avons essayé d'établir le fait de la dépopulation rurale, ses causes, ses conséquences ; puis, ayant ainsi mis le doigt sur la plaie, nous avons indiqué par qui et comment doivent être appliqués les remèdes.

Nous ne reviendrons pas sur la première partie de notre livre ; elle nous paraît hors de toute discussion.

Mais la seconde a plus d'importance. Les moyens qui y sont proposés sont divers. Leur adoption intéresse la grande majorité de la population nationale : ils touchent à certaines questions des plus graves qui, à notre époque, puissent être posées et résolues. Il ne nous paraît donc pas inutile de préciser, en la résumant, notre pensée.

Progrès et bien-être pour tous, dans les campagnes, — tels sont les termes marqués à la conclusion pratique de nos idées, si leur réalisation pouvait être espérée.

Progrès, — c'est-à-dire instruction et éducation dispensées aux populations rurales comme à celles qui habitent les villes ; initiation des travailleurs agricoles aux obligations, aux devoirs, aux connaissances professionnelles qu'exige d'eux leur condition même ;

rapprochement, entente, frottement des riches et des pauvres, unis dans une entière communauté de sentiments et d'intérêts ; épurement des mœurs, des instincts des masses ; leur accession au banquet de la vie intellectuelle et religieuse ; redressement de leurs préjugés, de leurs erreurs ; — en dernière analyse, vulgarisation générale des principes salutaires d'ordre, de liberté vraie, de conservation sociale.

Bien-être, — c'est-à-dire encouragement et glorification du travail ; changements équitables apportés à la situation matérielle, au salaire des ouvriers des champs ; efforts tentés dans le but d'accroître incessamment la production culturale, par l'habile emploi des capitaux nécessaires et l'application des divers modes d'association ; — bien-être, enfin, à la faveur, soit des avantages qu'offrent à tous l'épargne et la prévoyance, pratiquées avec des soins persévérants, soit de l'établissement, de la fondation d'un crédit foncier vraiment populaire.

Voilà — en peu de mots — tout le thème de nos recommandations. D'un côté comme de l'autre, nous ne demandons rien d'impossible. Le tout, en somme, tend à favoriser l'expansion de la prospérité générale, non point par l'inactivité ou de lâches loisirs, mais par un travail réglé et récompensé, dont l'attrait soit propre à maintenir dans les champs les familles qui y sont demeurées, à y attirer de nouveau celles qui s'en sont éloignées. Le travail, fécondé par la prévoyance et les bonnes mœurs, — insistons sur ce point, — voilà notre moyen le plus sûr d'arriver à la régénération agricole; c'est surtout en lui que doivent avoir confiance ceux qui, comme nous, gémissent sur l'abandon de la propriété.

Mais — ne l'oublions jamais — s'il faut que l'homme échappe à l'oisiveté, il est juste qu'il sente et comprenne bien qu'il travaille, non pas seulement pour autrui, mais aussi pour lui-même. Si l'ouvrier agricole entrevoit la possibilité, par son labeur, de se procurer un abri contre le besoin, — cette aisance même relative qui, à ses yeux, représentera la richesse, — il ne marchandera plus son activité ; il apprendra à connaître la valeur du temps, qu'il n'apprécie pas suffisamment aujourd'hui. Ajoutons que la richesse dont nous parlons ne consiste point dans l'abondance, pour chacun, de tous les biens de ce monde : elle doit résulter de la réunion, au profit de tous, même des moins favorisés, d'une somme suffisante des choses nécessaires, utiles ou seulement agréables qui peuvent satisfaire nos besoins, nos plaisirs matériels ou moraux. Cette richesse — compatible avec la pauvreté — est ce qui constitue le contentement, l'apaisement des sens et de l'âme, la joie intérieure, le vrai bonheur, — ce vrai bonheur qui, selon Chateaubriand, coûte peu : car, « s'il est cher, il n'est pas d'une bonne espèce. »

Notre tâche est terminée.

Avant de clore ces pages, cependant, qu'il nous soit encore permis d'exprimer une dernière espérance.

Malheureusement, il est d'habitude, dans notre beau pays, que les questions les plus sérieuses, les plus graves, ne rencontrent, de la part de ceux qu'elles touchent, qu'irrésolution, apathie ou indifférence : on voit et l'on sent le mal ; on désire ardemment qu'il cesse ; mais chacun, déclinant une initiative propre à en empêcher l'aggravation, se borne à une attitude expectante et à des souhaits stériles. Dieu veuille que, dans le cas présent, il n'en soit pas ainsi. — A l'œuvre ! dirons-nous à tous. Que chacun apporte son grain de sable à l'édifice. La grandeur des peuples est toujours en raison de leur prospérité. Pour atteindre à l'apogée de sa puissance, il ne faut à la France que deux choses : — n'avoir pour enfants que des hommes unis par les liens d'une mutuelle confiance et d'une commune sécurité ; — n'avoir devant elle aucun obstacle qui puisse arrêter l'essor régulier de sa fortune. De splendides horizons lui sont ouverts. Il dépend du patriotisme de tous de réaliser les promesses de l'avenir. — A l'œuvre donc ! à l'œuvre ! La France est à la tête des nations. Elle a charge d'offrir au monde ses généreux exemples : si elle sait dignement remplir cette mission, l'humanité pourra continuer de suivre en toute assurance sa marche à travers les âges, — recueillant, à chaque étape nouvelle, le fruit des progrès qui semblent, d'après les visibles décrets de la Providence, devoir marquer l'accomplissement de ses magnifiques destinées.

FIN.

APPENDICE.

I. — Projet de statuts pour l'organisation des Sociétés de secours mutuels dans les communes rurales.

II. — Projet de statuts pour l'organisation des Caisses de prêts agricoles, suivi de modèles des registres, comptes et actes propres à en faciliter le fonctionnement.

I.

PROJET DE STATUTS

POUR L'ORGANISATION

D'UNE SOCIÉTÉ DE SECOURS MUTUELS [1].

AVIS IMPORTANT

Les articles *fondamentaux*, nécessaires dans tous les cas, sont ceux qui ne sont marqués par aucun signe particulier. Ils comprennent, d'abord, les prescriptions du décret du 26 mars 1852, puis les dispositions que la commission supérieure a jugé indispensables aux sociétés de secours mutuels; en un mot, les conditions essentielles sans lesquelles ces associations seraient exposées à se voir refuser l'*approbation* qui donne droit aux avantages accordés par le décret.

Les articles *facultatifs* sont ceux que nous transcrivons *entre guillemets* « — »; ils renferment les diverses

[1] Nous avons adopté, en y introduisant les modifications nécessaires pour son appropriation à l'usage des communes rurales exclusivement, le projet de statuts dressé par la commission supérieure d'encouragement et de surveillance instituée par le décret du 26 mars 1852.

dispositions dont l'expérience a montré l'utilité pour l'administration des sociétés, mais qui peuvent néanmoins être modifiées suivant les exigences locales et les besoins de chaque association.

Le meilleur moyen d'arriver promptement à l'établissement des statuts est de réunir le plus grand nombre possible de fondateurs, et de leur faire discuter et adopter successivement chaque article. On peut aussi recueillir des signatures à domicile. Lorsque les statuts sont signés par tous ceux qui ont donné leur adhésion, on en prépare deux expéditions, pour être envoyées, avec l'original, à la préfecture. Le maire de la commune où est placé le chef-lieu de la circonscription doit être chargé de l'envoi. Le dossier à former en cette circonstance se compose des pièces suivantes:

1° Délibération prise par le conseil municipal de chacune des communes comprises dans l'association, reconnaissant l'utilité de la nouvelle société de secours mutuels (exécution de l'art. 1er du décret du 26 mars 1852);

2° Trois exemplaires des statuts;

3° Trois exemplaires de la liste des membres honoraires et de la liste des sociétaires;

4° Liste de présentation de trois candidats pour la nomination du président par S. M. l'Empereur.

CHAPITRE 1er.

Constitution et but de la société

ART.   (1).

Il est créé, dans la circonscription composée de........... (2), une société de secours mutuels, sous le titre de..........

ART.   .

La société a pour but :

1° De donner les soins du médecin et les médicaments aux sociétaires malades ;

2° De leur payer une indemnité pendant le temps de leurs maladies ;

3° De pourvoir à leurs frais funéraires.

« La société peut aussi :
» Pourvoir aux frais funéraires des épouses des sociétaires ;
» En cas de décès d'un sociétaire, accorder une indemnité à
» sa veuve ou à ses enfants ;
» Admettre les femmes (3) moyennant une cotisation spéciale ;
» dans aucun cas, elles ne peuvent participer à l'administration
» ni aux délibérations de la société.
» Elle peut, enfin :
» Accorder des secours aux infirmes et aux incurables, et
» constituer des pensions de retraite aux vieillards, en se con-
» formant aux dispositions du chapitre VII des présents statuts. »

---

(1) Pour faciliter la rédaction des statuts des sociétés nouvelles, nous avons laissé en blanc les chiffres des articles. Ces chiffres devront être ajoutés, de manière à ne former qu'une seule série, lorsque les dispositions proposées par les membres fondateurs auront été définitivement adoptées.

(2) On ne saurait trop rappeler qu'aux termes de l'art. 1er du décret, « une seule » société pourra être créée pour *deux ou plusieurs communes voisines entre elles,* » lorsque la population de chacune sera *inférieure à mille habitants.* »

(3) L'agrégation des femmes est une excellente mesure, qui contribue à augmenter sensiblement les bienfaits produits par l'association : nous ne doutons pas qu'elle ne puisse fréquemment recevoir une utile application dans les communes rurales.

CHAPITRE II.

Composition de la société.

ART.   .

La société se compose de sociétaires et de membres honoraires ou associés libres.

ART.   .

Les sociétaires sont ceux qui ont souscrit l'engagement de se conformer aux présents statuts et règlement, et qui participent aux avantages de l'association.

ART.   .

Les membres honoraires sont ceux qui, par leurs soins, leurs conseils et leurs souscriptions, contribuent à la prospérité de l'association, sans participer à ses avantages.

ART.   .

Le nombre des sociétaires ne pourra excéder cinq cents.
Le nombre des membres honoraires est illimité.

« Toutefois, le nombre des sociétaires pourra être augmenté » en vertu d'une autorisation de M. le Préfet. »

CHAPITRE III.

Conditions et mode d'admission et d'exclusion

ART.   .

Les sociétaires sont admis en assemblée générale, au scrutin et à la majorité. Pour être admis, il faut être valide, d'une conduite régulière et être domicilié depuis six mois dans la circonscription de la société.

« Les sociétaires peuvent être admis soit sur la présentation
» du bureau, soit sur celle de deux membres.
» Le minimum d'âge pour l'admission est fixé à 16 ans, et le
» maximum à cinquante ans (1).
» La société peut admettre, sans condition de domicile et sans
» le délai fixé au 1er paragraphe du présent article, le membre
» sortant d'une autre association, sur la présentation d'un certi-
» ficat du président de cette association. »

Dans l'intervalle des assemblées générales, le bureau peut admettre provisoirement au versement de la cotisation, sauf le cas où l'assemblée ne validerait pas l'admission.

ART.

Les membres honoraires sont admis par le président et le bureau, sans condition d'âge ni de domicile.

ART.

Cessent de faire partie de la société les membres qui n'ont pas payé leur cotisation depuis (2)   mois.

« Il peut être sursis par le bureau à l'application du para-
» graphe 1er du présent article, lorsqu'il est justifié que le retard
» du paiement de la cotisation est occasionné par des circons-
» tances indépendantes de la volonté du sociétaire. »

L'exclusion est prononcée en assemblée générale, au scrutin et sans discussion, sur la proposition et le rapport du bureau :

1° Pour condamnation infamante ;

(1) Les limites d'âge peuvent être modifiées ; mais on comprendra la nécessité, dans l'intérêt de l'avenir des sociétés, de ne pas dépasser le maximum d'âge de 50 ans.

(2) Nous pensons qu'il conviendrait communément de fixer ce délai à six mois.

2° Pour préjudice causé volontairement aux intérêts de la société;

3° Pour conduite déréglée et notoirement scandaleuse.

« Sauf le cas de condamnation infamante, le sociétaire dont
» l'exclusion est proposée sera invité à se présenter devant le
» bureau, pour être entendu sur les faits qui lui sont imputés;
» s'il ne se présente pas au jour fixé, il sera passé outre. »

La radiation et l'exclusion ne donnent droit à aucun remboursement.

Toutefois, les livrets inscrits à la caisse des retraites au nom des sociétaires exclus ou radiés leur restent acquis.

CHAPITRE IV.

Administration, service médical et pharmaceutique.

ART.

L'administration est confiée à un bureau composé d'un président, d'un ou de plusieurs vice-présidents, d'un ou de plusieurs secrétaires, d'un trésorier, d'un ou de plusieurs administrateurs.

ART.

Le président est nommé par S. M. l'Empereur.

ART.

Les autres membres du bureau sont élus par l'assemblée générale et pris parmi les membres actifs et les membres honoraires.

ART.

Le président surveille et assure l'exécution des statuts. Il adresse

chaque année, à l'autorité compétente, le compte-rendu exigé
par l'article 20 du décret du 26 mars 1852.

« Le président est chargé de la police des assemblées ; il signe
» les actes, arrêtés ou délibérations, et représente la société
» dans tous ses rapports avec l'autorité publique.
    » Les vice-présidents remplacent, au besoin, le président, qui
» peut leur déléguer tout ou partie de ses pouvoirs. »

Le bureau administre la société. Il confère et retire le diplôme
mentionné dans l'art. 12 du décret.

Le secrétaire est chargé de la rédaction des procès-verbaux, de
la correspondance et de la conservation des archives.

Le trésorier fait les recettes et les paiements de la société ; il
paie sur mandats visés par le membre du bureau délégué à cet
effet ; il délivre aux sociétaires, au moment de leur admission,
des cartes ou livrets sur lesquels il constate le paiement des
cotisations.

« Le trésorier inscrit régulièrement les recettes et les dépenses
» sur un livre de caisse coté et paraphé par le président.
» Il tient, en outre, un grand-livre, ainsi qu'un contrôle
» des sociétaires et des membres honoraires. A chaque assem-
» blée générale, il présente le compte-rendu de la situation
» financière. »

ART.

Le bureau est assisté par des visiteurs chargés de secourir les
malades et d'assurer à leur égard l'exécution du règlement.

« Les visiteurs sont choisis par le bureau.
    » Leur mission est d'aller visiter les malades, de leur porter
» l'indemnité due en cas de maladie, de s'assurer qu'ils reçoi-
» vent exactement les visites du médecin et les médicaments
» prescrits ; enfin, de signaler au bureau tous les abus ou in-
» fractions aux statuts ou règlement qu'ils auront pu remarquer
» pendant le cours de leurs visites. »

ART. .

La société se réunit en assemblée générale, le (1)......, pour entendre les rapports sur la situation et pour prononcer sur les questions qui lui sont soumises par son bureau.

Le président peut, en outre, convoquer l'assemblée générale, soit d'office, soit sur la demande de..... membres.

ART. .

Le bureau se réunit tous les mois à jour fixe et chaque fois qu'il est convoqué par le président.

ART. .

Le règlement concernant la police des séances est arrêté par les soins du bureau.

Néanmoins, aucune peine pécuniaire ne pourra être établie sans l'assentiment de l'assemblée.

« Le règlement prononce des amendes contre celui qui laisse
» passer le jour de recette sans verser sa cotisation ; celui qui,
» étant en convalescence, aurait repris ses travaux sans l'auto-
» risation du médecin ; celui qui aura troublé l'ordre dans les
» assemblées (2). »

ART. .

Le service médical et pharmaceutique est réglé par le bureau.

« Les médecins ou chirurgiens qui donnent leurs soins aux

(1) Pour les communes rurales, comme pour les villes, il peut y avoir utilité à ce qu'une assemblée générale soit tenue par *trimestre* ; il est indispensable, dans tous les cas, qu'il y en ait une au moins à la fin de chaque année. La fixation de ces réunions au *dimanche* paraît nécessaire pour que tous les membres puissent toujours y assister.

(2) Pour plus grande simplification, les dispositions du règlement pourraient être insérées dans cet article.

Dans ce cas, on supprimerait les textes que nous avons reproduits ci-dessus, et on y substituerait celui du règlement adopté.

» membres de la société reçoivent des honoraires fixés à......
» pour chaque visite, ou sont payés par abonnement (1).

» Les consultations données par les médecins et les chirurgiens
» dans leur cabinet sont gratuites.

» Leurs demeures et les heures où ils donnent leurs consulta-
» tions sont indiquées sur les cartes des sociétaires.

» Dès qu'un sociétaire est malade ou blessé, il envoie sa carte
» au médecin, s'il ne peut aller à la consultation, et fait prévenir
» le trésorier, qui doit immédiatement envoyer au malade une
» carte de visite ou de consultation.

» Les médecins ou chirurgiens inscriront sur la feuille de con-
» sultation ou de visite, autant que possible :

» 1° La nature de la maladie, de la blessure ou de l'indispo-
» sition du sociétaire ;

» 2° Les circonstances principales qui les accompagnent ;

» 3° Les prescriptions et ordonnances essentielles ;

» 4° La permission ou la défense de travailler ou de sortir ;

» 5° Les infractions aux prescriptions ordonnées.

» Toute feuille de consultation ou de visite portera la date du
» jour où le sociétaire a dû cesser ses travaux, et celle du jour où
» il peut les reprendre, le tout attesté par la signature du méde-
» cin ou chirurgien.

» Les feuilles de consultation ou de visite doivent être conservées
» par les sociétaires et remises, à l'issue de chaque maladie ou
» blessure, au trésorier, qui adressera au médecin un bulletin
» portant le relevé des visites qu'il aura faites. Le bureau désigne
» le médecin chargé de s'assurer si le candidat est valide au
» moment de son admission (2).

» Le bureau prendra des arrangements avec des pharmaciens
» ou avec un établissement de bienfaisance, ou avec des médecins
» autorisés à fournir des médicaments (3).

---

(1) En général, nous croyons qu'il sera possible aux associations de traiter par abonnement, soit tant à l'année, soit tant par sociétaire malade, avec les praticiens char-gés du service médical gratuit pour les pauvres. Ce mode de rémunération est celui qui paraît le mieux de nature à concilier tous les intérêts.

(2) Un certain nombre des sociétés existantes exigent de leurs membres, au moment de leur admission, une déclaration signée par eux, constatant qu'ils sont valides et ne sont atteints d'aucune maladie ou infirmité qui puisse les mettre à la charge de l'asso-ciation. Il n'y a pas d'inconvénient à insérer dans les statuts une disposition de ce genre, bien que, dans la plupart des cas, elle puisse être illusoire. Nous croyons que la visite du médecin est suffisante et présente plus de garanties.

(3) Dans la généralité des départements où a été organisé et fonctionne un service de médecine gratuite, les sociétés de secours mutuels trouveront certainement des pharma-ciens ou, à défaut, des médecins qui consentiront à leur livrer les médicaments d'après les tarifs à prix réduits adoptés par l'administration.

» Il ne sera délivré des médicaments, pour le compte de la
» société, que contre remise d'un bon revêtu de la signature du
» médecin en titre, indiquant les nom, prénoms et domicile
» du sociétaire auquel ces médicaments sont destinés, ainsi que
» la demeure du pharmacien chargé de la fourniture. »

CHAPITRE V.

Des obligations envers la Société.

ART.   .

Les sociétaires s'engagent à payer une cotisation périodique
de......(1) et à s'acquitter avec zèle et exactitude des fonctions
qui leur sont déléguées par le bureau ou par l'assemblée.

« Les statuts pourront fixer un droit d'admission ou d'entrée.
» Ce droit, calculé d'après l'âge de l'individu, pourra être con-
» verti en cotisation périodique versée en sus de la cotisation
» imposée par les statuts à chaque sociétaire.
» Les sociétaires devront, aux jours et heures indiqués par le
» règlement, porter chez le trésorier le montant de leur cotisa-
» tion.
» Le sociétaire peut anticiper les époques de ces versements
» pour le temps qu'il jugera convenable. »

ART.   .

Les membres honoraires paient une souscription dont le minimum est fixé à......(2).

(1) Le chiffre de douze francs par an — soit un franc par mois — est le plus généralement adopté. C'est celui qui, pour les communes rurales, nous paraît le plus convenable. Toutefois, nous ne saurions fixer à priori un chiffre quelconque : les convenances,
les nécessités locales doivent toujours être prises pour base des résolutions des membres fondateurs. Nous l'avons dit ailleurs : il est telles sociétés qui ont limité à neuf et
même à six francs le montant de la cotisation ; il faut seulement ne pas perdre de vue
que les secours mutuels étant une sorte d'*assurance*, moins forte est la cotisation, moins
sensibles sont les avantages accordés.

Dans le cas, au surplus, où les femmes seraient admises dans l'association, et où leur
cotisation serait moins élevée que celle des hommes, il faudrait l'indiquer dans cet article.

Il en serait de même pour la faculté de se libérer *en nature*, si cette faculté était
accordée.

(2) Il est tout naturel que ce *minimum* ne puisse jamais être inférieur au taux de la
cotisation des sociétaires.

ART.

Dans le cas de décès d'un membre de la société, une députation de sociétaires est convoquée, par les soins du bureau, pour assister aux obsèques.

ART.

« Tous les ans, au mois de..........., tous les sociétaires sont
» invités à assister à un service religieux pour appeler les béné-
» dictions du ciel sur la prospérité de la société. »

CHAPITRE VI.

Des obligations de la société envers ses membres.

ART.

Les soins du médecin et les médicaments sont donnés aux sociétaires malades pendant tout le cours de la maladie, sauf les conditions indiquées spécialement dans les statuts.

L'indemnité est fixée à.......... (1).

» L'indemnité peut être fixée par proportion décroissante :
» A...... par jour, pendant le premier mois de la maladie ;
» A...... par jour, pendant les deux mois qui suivent ;

(1) Déterminer, s'il y avait lieu, des chiffres différents pour les hommes et pour les femmes.

Ne pas perdre de vue, d'ailleurs, que le montant de l'indemnité quotidienne ne doit jamais dépasser le chiffre mensuel de la cotisation. Ainsi, la cotisation étant de 1 fr. par mois, le secours accordé ne devra pas excéder 1 fr. par jour. C'est là une règle dont il convient de ne se point départir. L'expérience a démontré la nécessité de son application rigoureuse.

Certaines sociétés, dont l'existence remonte à une époque antérieure à 1852, ont maintenu dans leurs statuts la fixation de l'indemnité par *catégories de malades*. Ainsi, par exemple, la 1ʳᵉ catégorie — très malade — reçoit 2 fr. ou 1 fr. 50 c. par jour ; la seconde — degré de maladie moindre — 1 fr. 50 c. ou 1 fr. ; la troisième — convalescence — 1 fr. ou 50 c. Ce système a donné lieu, dans la pratique, à des difficultés qu'il était facile de prévoir. Il a été condamné par la commission supérieure ; il ne saurait être proscrit avec trop de soin des statuts des sociétés fondées dans les communes rurales.

18

» A........ par jour, pendant les trois derniers mois du semestre.

» (1) Si la maladie se prolonge plus de six mois, le bureau
» décide s'il y a lieu de continuer l'indemnité, en en fixant le
» chiffre et la durée.

» Une indisposition de trois jours ne donne pas lieu à une
» indemnité ; une maladie plus prolongée donne lieu à l'indem-
» nité à partir du premier jour.

» L'obligation de fournir les soins du médecin et les médica-
» ments peut cesser,

» 1° Si la maladie a pris un caractère chronique ;

» 2° Si cette maladie se prolonge plus de...... mois.

» Dans ce dernier cas, le bureau peut fixer la somme pour
» laquelle la société contribuera aux frais de médication.

Art.

Le sociétaire n'a droit aux avantages de l'association que (2)....
mois après son premier versement.

Art.

Aucun secours n'est dû pour les maladies causées par la
débauche ou l'intempérance, ni pour blessures reçues dans une
rixe, lorsqu'il est prouvé que le sociétaire a été l'agresseur, ni
pour blessures reçues dans une émeute à laquelle il aura pris une
part volontaire.

Art.

La société assure au sociétaire (3), en cas de décès, un enterre-
ment convenable, dont tous les frais sont à sa charge.

(1) Les fondateurs des associations mutuelles doivent se proposer la durée, la permanence de ces institutions. Il est donc toujours prudent d'introduire dans les statuts
les dispositions, quoique facultatives, qui suivent ce renvoi.

(2) Au moins *trois mois*.

(3) S'il était pourvu aux frais funéraires des épouses des sociétaires, c'est ici qu'il
serait nécessaire de le mentionner.

CHAPITRE VII.

Secours aux infirmes et aux incurables. — Pensions de retraite aux vieillards (1).

§ 1er. — SECOURS AUX INFIRMES ET AUX INCURABLES.

ART.

« Tout sociétaire réputé incurable ou devenu infirme avant
» l'âge exigé pour avoir droit à la pension, recevra un secours
» éventuel qui sera déterminé, chaque année, par le bureau de
» la société, selon les ressources de la caisse, et qui sera prélevé
» sur le fonds de réserve. »

§ 2. — PENSIONS DE RETRAITE AUX VIEILLARDS

ART.

« Un fonds de retraite sera créé conformément au décret du
» 26 avril 1856 et placé à la caisse des dépôts et consignations. »

ART.

« Ce fonds se compose :
» 1° Des prélèvements annuels faits par la société sur les
» excédants de recettes ;
» 2° Des subventions spéciales accordées par l'État, le dépar-
» tement ou la commune ;
» 3° Des dons et legs faits à la société avec affectation spéciale
» au service des pensions. »

ART.

« Conformément à l'article 6 du décret du 26 avril 1856, la
« quotité de la pension sera fixée, sur la proposition du bureau,
» en assemblée générale (2). »

(1) Tout ce chapitre est ajouté au projet proposé en 1852 par la commission supérieure. L'introduction dans les statuts en a été recommandée par S. Exc. M. le Ministre
de l'Intérieur. (Circulaire du 31 mars 1859.)

(2) Aux termes de l'article 8 du décret du 26 avril 1856, « les pensions ne peuvent
» être inférieures à 30 francs, ni excéder, dans aucun cas, le décuple de la cotisation
» annuelle fixée par les statuts de la société à laquelle le titulaire appartient. » — *Note
du texte ministériel.*

Art.   .

« Pour être présenté à l'assemblée générale comme candidat
» à la pension, le sociétaire doit avoir au moins . . . .
» années d'âge et faire partie de la société depuis. . . . . .ans
» au moins (1). »

CHAPITRE VIII.

Fonds social et placement des fonds

Art.   .

Le fonds social se compose :

1° Des versements des sociétaires ;

2° De ceux des membres honoraires ;

3° Des subventions accordées par l'État, le département ou les
communes ;

4° Des dons et legs particuliers ;

5° Des fonds placés ;

6° Du produit des amendes prononcées par le règlement.

Art.   .

Lorsque les fonds réunis dans la caisse excéderont la somme
de trois mille francs, l'excédant sera versé à la caisse des dépôts
et consignations.

Si la société a moins de cent membres, ce versement devra être
opéré lorsque les fonds réunis dans la caisse dépasseront mille
francs.

« La société pourra faire à la caisse d'épargnes des dépôts de

---

(1) L'article 6 du même décret exige que « les candidats aux pensions soient choisis
» parmi les membres participants âgés de plus de 50 ans et qui auront acquitté la coti-
» sation sociale pendant dix ans au moins. » Mais ce n'est là qu'un minimum, et les
sociétés peuvent très bien exiger soixante ou soixante-cinq années d'âge, et quinze,
vingt ou même vingt-cinq années de sociétariat. — *Note du texte ministériel.*

» fonds égaux à la totalité de ceux qui seraient permis au profit
» de chaque sociétaire individuellement.

« Les statuts pourront réduire à un chiffre inférieur à trois
» mille francs la somme qui devra rester entre les mains du
» trésorier. »

Art.

A la fin de chaque année, il sera statué, en assemblée générale, sur l'emploi des fonds restés disponibles ; toutefois, pendant les cinq premières années d'existence de la société, une moitié au moins de l'excédant sera nécessairement affectée à un fonds de réserve.

CHAPITRE IX.

Modifications, dissolution et liquidation ; Jugement des contestations.

Art.

Toute modification aux statuts et règlement doit être soumise d'abord au bureau, qui juge s'il y a lieu d'y donner suite.

Aucune modification ne pourra être admise qu'à la majorité des membres présents à l'assemblée générale.

Art.

Les présents statuts, ainsi que toutes modifications qui pourront y être faites, seront approuvés par M. le Préfet d........

Art.

La société ne peut se dissoudre d'elle-même qu'en cas d'insuffisance constatée de ses ressources.

La dissolution ne peut être prononcée qu'en séance générale spécialement convoquée à cet effet, par un nombre de voix égal aux deux tiers des membre inscrits.

Art.

Cette dissolution ne sera valable qu'après l'approbation de M. le Préfet.

Art

En cas de dissolution de la société, la liquidation s'opérera suivant les conditions prescrites par l'art. 15 du décret du 26 mars 1852.

Art.

Jugement des contestations.

« Les contestations qui s'élèveraient au sein de la société seront
» toujours jugées par deux arbitres nommés par les parties
» intéressées.
　« S'il y a partage, il sera vidé par un tiers-arbitre nommé par
» les deux autres, et, à leur défaut, par le président de la société.»

CHAPITRE X.

Révision des statuts.

Art.

Les présents statuts seront soumis à la révision à l'expiration de la cinquième année d'existence de la société.

II.

PROJET DE STATUTS

POUR L'ORGANISATION

D'UNE CAISSE DE PRÊTS AGRICOLES.

—⁘—

CHAPITRE Ier.

Constitution de la caisse de prêts agricoles.

ARTICLE 1er.

Il est formé, entre les propriétaires, cultivateurs et ouvriers
agricoles qui donneront leur adhésion aux présents statuts, une
association ayant pour but la création d'une *Caisse de prêts agricoles.*

ART. 2.

L'association sera composée, savoir :
1° D'associés honoraires ;
2° D'associés travailleurs.

ART. 3.

Les associés honoraires sont ceux qui, contribuant à l'entretien,
aux charges de la caisse de prêts et chargés de son administration,

renoncent, par leur adhésion même, à en retirer pour eux aucun avantage.

Art. 4.

Les associés travailleurs sont les petits cultivateurs, ouvriers et journaliers qui ont droit à contracter des emprunts à la caisse des prêts agricoles.

Art. 5.

Toute personne qui désirera faire partie de l'association sera tenue d'adresser au président une adhésion ainsi conçue :

« Je soussigné *(nom, prénoms, profession)*, demeurant à......
» déclare, après en avoir pris connaissance, adhérer entièrement
» et sans réserve, en qualité d'associé { *honoraire,* ou *travailleur,* } aux statuts de
» l'association créée dans l.. commune d............., en vue
» de la fondation d'une caisse de prêts agricoles ; je déclare, en
» outre, vouloir { *renoncer* ou *participer* } au bénéfice de ladite caisse, et
» m'engage à payer annuellement une souscription de six francs.»

L'admission sera prononcée par le comité d'administration.

Art. 6.

Nul ne pourra faire partie de l'association s'il n'est âgé de 21 ans accomplis, s'il ne jouit de ses droits civils et politiques, si sa conduite est notoirement scandaleuse, ou, enfin, s'il a subi un jugement portant atteinte à sa considération.

Art. 7.

L'association s'étendra sur une circonscription composée de.. commune.. de........... (1).

---

(1) La circonscription pourra comprendre une ou plusieurs communes, selon les circonstances et aussi suivant l'importance des localités. Il n'y aurait même pas de difficulté à ce qu'elle s'étendît à toutes les communes d'un canton.

Elle pourra admettre des souscripteurs dont le domicile ou les propriétés seront situés au dehors de cette circonscription ; mais nul ne sera admis à emprunter à la caisse de prêts s'il n'a établi, depuis cinq ans au moins, sa résidence effective dans la limite territoriale assignée à l'agrégation.

CHAPITRE II.

Administration.

ART. 8.

L'administration est confiée à un président, à un vice-président, à trois directeurs prenant chacun le titre de directeur-contrôleur, directeur-caissier, directeur-secrétaire, et à un comité d'administration composé indistinctement de tous les membres honoraires(1).

Toutes les décisions concernant la gestion intérieure sont prises exclusivement par le comité d'administration.

ART. 9.

Le président, le vice-président et les trois directeurs sont élus, chaque année, par l'assemblée générale des associés honoraires et des associés travailleurs, réunis comme il est dit ci-après en l'art. 17, au scrutin de liste et à la majorité des deux tiers des votants.

Les mêmes dignitaires peuvent être réélus indéfiniment.

ART. 10.

Le président dirige les séances du comité d'administration, au sein duquel, en cas de partage, sa voix est prépondérante.

(1) Les membres *honoraires* sont entièrement désintéressés dans les prêts, auxquels ils ont d'avance volontairement renoncé ; leur position les place dans les conditions à la fois d'indépendance et d'impartialité indispensables pour diriger avec justice une institution de ce genre. Eux seuls, par conséquent, peuvent faire partie du comité d'administration.

Il signe, au nom et comme représentant de l'association, tous les actes, titres ou documents relatifs, soit aux opérations de la caisse de prêts, soit à la gestion générale des intérêts de l'institution.

Il représente l'association auprès des autorités publiques.

Art. 11.

Le vice-président supplée, en cas d'absence, le président, qui d'ailleurs peut lui déléguer une partie de ses pouvoirs.

Art. 12.

Le directeur-contrôleur est présent toutes les fois que, pour une opération, la caisse sociale est ouverte.

Il vise, au moment même de la réalisation des prêts ou des remboursements, soit les autorisations de prêts et prolongations signées par le président et qui sont remises au directeur-caissier, soit les reçus ou quittances constatant la libération des emprunteurs.

Il tient l'une des deux clefs de la caisse sociale.

Il a toujours le droit de vérifier la situation de cette caisse.

Art. 13.

Le directeur-caissier est dépositaire de la caisse sociale.

Il tient les registres de comptabilité (1).

Art. 14.

Le directeur-secrétaire est chargé de toutes les écritures sociales, hormis la comptabilité; il prépare les correspondances et enre-

(1) Pour embrasser du même coup l'ensemble et les détails de l'institution que nous proposons, nous nous sommes imposé le devoir de combiner tout un système de comptabilité et d'administration simplifiées, appropriées à leur destination spéciale. — Voir, ci-après, les modèles n°° 1 à 9 (pages 287 à 298.)

gistre les procès-verbaux des délibérations tant du comité d'administration que des assemblées générales (1).

Il est, sous sa responsabilité, le gardien des archives de l'association.

CHAPITRE III.

Réunions.

ART. 15.

Le comité d'administration se réunit, obligatoirement, une fois par mois. Le jour précis de cette réunion est fixé, pour toute l'année, sitôt après l'élection annuelle; il est porté à la connaissance de l'assemblée générale, avant sa dispersion, afin que chacun en soit informé.

Néanmoins, dans un cas pressant, le comité d'administration peut être convoqué extraordinairement par le président.

ART. 16.

Quoique ne pouvant faire partie du comité d'administration, tout associé travailleur qui aurait des plaintes ou des observations à présenter au sujet des intérêts ou de la gestion de l'association, ou bien même touchant à ses intérêts personnels, serait admis à se rendre dans les réunions mensuelles ou extraordinaires. Il serait tenu seulement d'en prévenir le président, par écrit, au moins huit jours à l'avance.

Ses observations ou plaintes seraient écoutées, et la décision qu'aurait prise le comité, hors de sa présence, lui serait notifiée dans un délai de quinze jours au plus tard.

Si l'associé travailleur se croyait lésé par cette décision, il lui

(1) Voir le modèle n° 2, page 263.

serait loisible d'en appeler à la prochaine assemblée générale, qui statuerait en dernier ressort.

Art. 17.

Le....(1) dimanche de janvier de chaque année, tous les membres de la société se réuniront, en assemblée générale, sur la convocation du président. Il sera dressé procès-verbal de la séance.

Dans cette réunion, et après qu'il aura été procédé à l'élection des dignitaires et à l'encaissement des souscriptions, comme il est dit aux art. 9 et 29, le directeur-caissier soumettra à l'assemblée générale un compte détaillé présentant les opérations de l'année précédente et la situation financière de l'association au dernier jour de l'exercice (2).

CHAPITRE IV.

Opérations sociales.

Art. 18.

La caisse de prêts agricoles ne commencera de fonctionner que lorsque les ressources totales de l'association s'élèveront au chiffre minimum de.....francs (3).

Art. 19.

Les demandes d'emprunts sont adressées, par écrit (4), au président.

(1) Ce dimanche devra être choisi parmi les deux derniers du mois, afin de laisser entre la fin de l'année et la réunion le temps nécessaire à la préparation des comptes.

(2) Modèle n° 5, page 294.

(3) La fixation de ce minimum sera importante; elle devra être subordonnée au nombre des premiers souscripteurs et au chiffre de la souscription annuelle. Ainsi, par exemple, si la société était composée de 200 membres et la souscription de 5 francs par an, il serait convenable d'arrêter à *mille francs* le premier fonds social; de la sorte, les opérations pourraient commencer immédiatement après le recouvrement de la première annuité.

(4) Modèle n° 6, page 295.

Dans chaque réunion mensuelle, le président soumet au comité d'administration les demandes qui lui sont parvenues.

Le comité, en tenant compte de l'état de la caisse, statue sur celles de ces demandes qui lui paraissent devoir être accueillies.

Sa délibération détermine la durée de chaque prêt autorisé, ainsi que le mode et les époques du remboursement.

Art. 20.

Il ne sera consenti de prêts qu'à des associés travailleurs jouissant notoirement de bons antécédents, d'une moralité irréprochable, d'habitudes de travail, d'ordre, d'économie, et reconnus comme ne fréquentant point les cafés, auberges ou cabarets.

Parmi les propriétaires, les petits cultivateurs qui, outre l'exploitation de leur bien, travaillent habituellement sur d'autres domaines, obtiendront la préférence sur leurs concurrents moins laborieux ou plus aisés.

Art. 21.

Les prêts seront particulièrement consentis pour aider les emprunteurs à payer des dettes contractées par suite de maladies ou de revers de fortune immérités ; à se procurer des instruments de travail; à acquérir, à l'aide d'économies déjà réalisées par eux et dont on pourra les obliger de justifier, une maison, un champ, un jardin ; à parer à des désastres inattendus et qu'il n'était pas possible de prévenir, à des améliorations de bâtiments ruraux, à des changements utiles et bien entendus dans les conditions d'exploitation du sol ; en un mot, les sommes prêtées devront être exclusivement réservées à un emploi qui puisse être considéré comme constituant un excellent placement dans l'intérêt du progrès agricole (1).

---

(1) Il eût été difficile d'énumérer ici toutes les destinations utiles ; l'intelligence et

Art. 22.

Le même emprunteur ne pourra recevoir, dans le cours de la même année, en un ou plusieurs prêts, une somme totale supérieure à.......... (1) francs.

Les prêts seront enregistrés sur un livre particulier tenu par le directeur-caissier (2). Ils seront opérés en présence du comité d'administration, sous la seule garantie de la signature et de la bonne foi de l'emprunteur ; si celui-ci ne sait signer, les reçus ou quittances qu'il aura à donner des sommes par lui touchées seront signés de deux témoins, pris en dehors des membres de l'association.

Art. 23.

Les prêts pourront être faits pour........................ (3) ; ils ne pourront dépasser ce dernier intervalle. La période pour laquelle ils seront provoqués sera exactement indiquée dans chaque demande ; la période pour laquelle ils auront été consentis par le comité d'administration sera reproduite dans la quittance donnée par l'emprunteur (4).

Si pourtant, pendant la durée du prêt, des circonstances imprévues, telles qu'une grêle, une inondation, un incendie, etc., étaient

l'expérience des comités d'administration les éclaireront mieux que nous ne pourrions le faire nous-même. — Nous nous bornerons à citer, par exemple, comme autres objets d'application des prêts, les suivants, savoir : travaux de drainage, d'irrigation ; défoncements ; mise en culture de terrains improductifs, reboisements ; achat de machines, de bestiaux, de fumiers, etc., etc.

(1) Il est indispensable de fixer ce maximum. Il variera selon les localités et les habitudes ou les besoins de chaque pays ; mais nous pensons que, généralement, il serait prudent de ne pas l'élever au delà de 200 francs.

(2) Modèle n° 4, pages 291, 292 et 293.

(3) Les termes de un an, deux ou trois ans nous paraissent les plus convenables. Il peut y avoir un intérêt important à ne pas trop éloigner les époques des échéances.

(4) Modèle n° 5, page 297.

venues notoirement gêner la bonne volonté de l'emprunteur, le comité d'administration, après s'être entouré d'informations propres à éviter toute surprise, pourrait consentir à une prolongation du délai de remboursement ; mais cette prolongation, dans aucun cas, ne pourrait excéder *une année* (1).

Art. 24.

Les prêts auront lieu sans intérêt, pour le laps de temps qui sera déterminé par le comité d'administration, et rappelé dans la quittance, sauf la prolongation de délai prévue en l'article précédent.

Art. 25.

Le remboursement de chaque prêt ne sera opéré à la caisse qu'en une seule fois, à l'échéance fixée ; mais l'emprunteur devra, chaque fois qu'il en aura la possibilité, faire à la caisse d'épargnes la plus voisine des versements successifs sur ses économies, qui lui permettent de se libérer en temps utile.

Si, à l'échéance, le remboursement n'a pas été effectué, la somme prêtée sera productive de l'intérêt légal à cinq pour cent.

Art. 26.

Aucun associé travailleur, qui aura déjà reçu de la caisse un ou plusieurs prêts, ne sera admis, sauf des circonstances tout exceptionnelles laissées à l'appréciation du comité d'administration, à contracter un nouvel emprunt qu'après l'expiration d'une année au moins entre son dernier remboursement pour solde et sa nouvelle demande.

(1) On comprendra la nécessité absolue de cette restriction qui, dans certaines occurrences, pourra se trouver en apparence rigoureuse. Il est trop facile de prévoir que tout relâchement à cet égard pourrait promptement devenir une source d'abus.

Art. 27.

Tous les actes concernant les emprunts ou les remboursements seront passés, dans des vues d'économie, sous forme d'actes sous seings privés (1).

CHAPITRE V.

Comptabilité.

Art. 28.

Les associés paieront, pour alimenter la caisse de prêts, une souscription annuelle, qui sera de six francs (2) pour les associés travailleurs, et pour les associés honoraires ne pourra être inférieure à.............francs.

Les versements de sommes plus élevées seront toujours facultatifs ; ils seront acceptés avec reconnaissance.

Art. 29.

Le montant des souscriptions sera payé d'avance, aussitôt après l'admission, par les associés qui entreront durant l'année, jusqu'à concurrence des trimestres à échoir entre cette admission et le 31 décembre. Pour les membres agrégés antérieurement au commencement de l'année, la souscription sera versée, dans l'assemblée générale annuelle, entre les mains du directeur-caissier, contre

(1) Modèles n°° 6, 7, 8 et 9, pages 295 à 298.

(2) Il semble que ce chiffre devrait être fixé de manière à faciliter l'entrée du plus grand nombre possible d'adhérents dans l'association. Il ne faudrait pas que, pour les associés travailleurs, il dépassât 6 francs. Quant aux agrégés honoraires, il suffirait de fixer un minimum : plus le montant de leur souscription serait élevé, plus serait grand le bien qui résulterait de l'association. Nous croyons qu'il serait bon de n'indiquer à cet égard aucune limite à leur générosité : ils seraient, en définitive, les premiers à en recueillir les fruits.

la remise d'un récépissé extrait d'un registre à souche et qui sera préparé d'avance (1).

Avant la remise des fonds dans la caisse, le directeur-contrôleur vérifiera, d'après le registre à souche, l'exactitude des recouvrements effectués à chaque assemblée générale.

Art. 30.

Tout associé, honoraire ou travailleur, qui n'aura point effectué le versement de sa souscription dans l'assemblée générale, sera déchu de tout droit à l'administration ou au bénéfice de la caisse de prêts, à partir de la date de l'assemblée jusqu'à l'exécution de son engagement.

Art. 31.

Les souscriptions, une fois versées, seront définitivement acquises à la caisse de prêts ; dans aucun cas, elles ne seront susceptibles d'être remboursées, à titre de restitution ou autrement. Elles ne pourront, sous quelque prétexte que ce soit, être détournées de la destination qui leur est assignée par les présents statuts.

Art. 32.

La caisse devra toujours contenir le montant intégral de l'avoir social, en espèces, en quittances d'emprunts ou en titres de placements ; mais le directeur-caissier et le directeur-contrôleur auront pour obligation, lorsque l'encaisse métallique dépassera la somme de . . . . . (2) francs, de placer l'excédant disponible, soit à la caisse d'épargnes la plus voisine ou, s'il est possible, à la caisse des

(1) Modèle n° 3, pages 289 et 290.
(2) Chiffre à déterminer d'après le mouvement prévu.

dépôts et consignations (1), soit sur le trésor en rentes sur l'État, ou en actions de la Banque de France, du Crédit foncier, ou de tout autre établissement de crédit patroné par le Gouvernement et offrant toutes garanties de sécurité.

CHAPITRE VI.

Discipline.

Art. 33.

Le sociétaire qui n'aura pas payé, entre les mains du directeur-caissier, le montant de sa souscription dans les six mois qui suivront l'assemblée générale annuelle, cessera de faire partie de l'association.

Il en sera de même de celui qui, tombant sous le coup de l'une des prohibitions énumérées en l'article 6 ci-dessus, viendrait à déchoir de l'honorabilité nécessaire, avant tout, pour être ou demeurer agrégé ; dans ce dernier cas, une décision formelle d'exclusion serait rendue par le comité d'administration.

Art. 34.

L'associé travailleur qui aura été déclaré exclu de la société pour des raisons touchant à sa moralité ne pourra y être réintégré qu'après avoir donné, pendant cinq ans au moins, des preuves constantes, certaines et publiques que sa conduite est de tous points honorable.

Art. 35.

L'emprunteur qui, à l'expiration soit du délai de paiement,

(1) Il serait bien à désirer, si, comme nous l'espérons, il se fondait des caisses de prêts, que ces établissements fussent appelés à jouir du même privilége que les sociétés de secours mutuels approuvées : les placements faits par ces dernières sur la caisse des dépôts et consignations produisent intérêt à 4 1/2 p. 0/0. (Décret du 26 mars 1852, article 13.)

soit de la prolongation, ne se sera pas exactement acquitté de sa dette, sera, par cela même, considéré comme ayant fait preuve de mauvaise foi, et à ce titre exclu de la société, sans préjudice de l'action en remboursement qui devra être exercée contre lui.

Il ne pourra être de nouveau admis dans l'association que cinq ans après avoir remboursé les sommes dont il sera demeuré redevable, avec les frais et les intérêts à partir du jour où le prêt lui aura été fait primitivement jusqu'au jour de la date du paiement constaté par la remise à lui faite de sa quittance d'emprunt, portant récépissé du directeur-caissier.

Art. 36.

Tout associé travailleur qui, accidentellement, aurait donné lieu à un scandale public, celui qui aurait été vu en état d'ivresse sur la voie publique, celui qui, sans motifs légitimes, se départirait de ses habitudes laborieuses pour s'adonner à l'oisiveté, au maraudage ou à la débauche, serait, pour la première fois, rappelé à sa dignité par le président, au nom du comité d'administration.

Si cet avertissement n'était pas écouté, comme en cas de récidive, l'agrégé coupable serait déclaré exclu de l'association, sauf à se voir contraint de rembourser, aux échéances, avec l'intérêt légal, les sommes qu'il resterait devoir à la caisse de prêts.

CHAPITRE VII.

Dispositions générales.

Art. 37.

L'association, outre son but d'encouragement au travail, à l'ordre, à la prévoyance, ayant aussi pour mission de resserrer les liens de la concorde et de la confraternité, s'attachera à prévenir, autant qu'il dépendra d'elle, toute animosité, toute haine de la part des sociétaires envers leurs camarades. En conséquence, toutes discussions ou différends qui s'élèveraient entre eux, au sujet d'intérêts même étrangers à la caisse de prêts, seront par eux soumis à un conseil composé des cinq plus anciens membres du comité d'administration. Ce conseil, qui se réunira sous la présidence et la convocation du président, entendra les parties et fera tous ses efforts pour les concilier.

L'associé qui, avant de s'adresser à l'autorité judiciaire, aurait négligé de se conformer à la disposition qui précède, serait éliminé de l'association.

ART. 38.

Lorsque les ressources de l'association le permettront, il sera prélevé sur son capital tout l'excédant qui ne serait pas employé en prêts.

Cet excédant, qui s'accroîtra tous les ans de la portion disponible des recettes, sera placé comme il est dit ci-dessus en l'article 32 et formera un fonds de réserve inaliénable. Les intérêts en seront capitalisés et joints à la masse. Ce fonds servira plus tard, quand il sera suffisant, à fonder une caisse d'*Assurances agricoles* (1).

ART. 39.

Une fois constituée, la caisse de prêts continuera de fonctionner, tant qu'il restera au moins cinq sociétaires honoraires pour composer le comité d'administration.

Les derniers membres ne pourront, dans aucun cas, tirer profit de la dissolution (2). En conséquence, le fonds social reviendra

---

(1) Voir ce que nous avons dit ci-dessus, chap. xi, pages 234 à 245, de la possibilité de l'institution d'une caisse d'assurances agricoles par le fonctionnement de nos caisses de prêts.

(2) Cette disposition et celles qui suivent au même article paraîtront peut-être rigou-

de droit, intégralement, soit aux autres caisses de prêts agricoles fonctionnant dans le département, ou, s'il n'y a pas de ces caisses, aux sociétés de secours mutuels *approuvées* existant dans la circonscription, au prorata du nombre de leurs membres participants, soit, à défaut de sociétés de secours mutuels approuvées, par moitié aux bureaux de bienfaisance et aux hospices, au prorata de la population de chaque commune. Les établissements bénéficiaires se trouveront substitués à tous les droits de l'association, et devront, à ce titre, provoquer la rentrée, aux diverses échéances, des sommes qui resteraient dues à la caisse de prêts.

Les liquidations qu'il pourrait y avoir lieu de faire, en vertu du présent article, seraient effectuées par les soins et sous la surveillance de l'autorité départementale.

Art. 40.

Les présents statuts, ainsi que toutes modifications subséquentes, ne seront exécutoires qu'après avoir été approuvés par M. le Préfet d........ Ils ne pourront être modifiés qu'en vertu d'une décision prise, en assemblée générale, à la majorité absolue des deux tiers des membres inscrits.

---

reuses. Elles nous ont paru nécessaires, afin de maintenir la perpétuité de l'institution. Dans d'autres conditions, sa stabilité pourrait être tous les jours menacée : il suffirait du mauvais vouloir de quelques-uns pour mettre à néant ses féconds avantages. La faculté du partage du fonds social, à ce point de vue, serait un danger sérieux; il importe au plus haut point de le prévenir. — Nous ne doutons pas, du reste, que, convaincus du bien qui résulterait de la caisse de prêts, pour tous en général, et en particulier pour eux, les propriétaires riches ou aisés dont les libéralités assureront la prospérité de l'œuvre, ne consentent, partout, à faire généreusement l'abandon du montant de leurs souscriptions.

MODÈLES

DES

REGISTRES, COMPTES ET ACTES

relatifs

A LA CAISSE DE PRÊTS AGRICOLES.

(Exécution de l'art. 43
des statuts.)

Modèle N° 1

DÉPARTEMENT
d

CAISSE DE PRÊTS AGRICOLES

d   *Commune* — d

LIVRE DE CAISSE.

N°s des articles.	DATES.	OPÉRATIONS.	SOMMES REÇUES.	SOMMES PAYÉES.	
		(1)			

(1) L'indication de chaque recette ou dépense sera consignée exactement dans cette colonne, sous les formules les plus précises. Exemples : — Souscription reçue de M............

associé { honoraire, travailleur.

— Prêt fait à M............
— Remboursement de prêt par M............
— Versement à la caisse d'épargne, ou à la caisse des dépôts et consignations. — Placement en rentes sur l'État, etc.

Modèle N° 2.

(Exécution de l'art. 44
des statuts.)

DÉPARTEMENT

CAISSE DE PRÊTS AGRICOLES

d......... Commune ....d.............................

REGISTRE

DES

PROCÈS-VERBAUX DES DÉLIBÉRATIONS DU COMITÉ D'ADMINISTRATION

ET DES ASSEMBLÉES GÉNÉRALES.

(Les pages de ce registre sont en blanc.)

(Exécution de l'art. 29
des statuts.)

CAISSE DE PRÊTS AGRICOLES

d ______ *Commune* ___ *d* ____________________

REGISTRE A SOUCHE

DES RÉCÉPISSÉS DE SOUSCRIPTIONS.

ANNÉE 186 .

N°

M.

profession

demeurant à

associé

Montant de la souscrip-
tion......   fr.

reçu le   186

ANNÉE 186 .

N°

M.

profession

demeurant à

associé

Montant de la souscrip-
tion.....   fr.

reçu le ——186 .

ANNÉE 186 .

N°

M.

profession

demeurant à

associé

Montant de la souscrip-
tion.....   fr.

reçu le —— 186 .

DÉPARTEMENT
d

Caisse de Prêts agricoles

D   COMMUNE   D

Année 186 .

N°

RÉCÉPISSÉ DE SOUSCRIPTION.

Je soussigné, Directeur-caissier, reconnais
avoir reçu de M.
exerçant la profession d
demeurant à
la somme de
montant de sa souscription, en qualité d'associé   . pour l'année 186
A   le   186 .

Le Directeur-caissier,

DÉPARTEMENT
d

Caisse de Prêts agricoles

D   COMMUNE   D

Année 186 .

N°

RÉCÉPISSÉ DE SOUSCRIPTION.

Je soussigné, Directeur-caissier, reconnais
avoir reçu de M.
exerçant la profession de
demeurant à
la somme de
montant de sa souscription, en qualité d'associé   , pour l'année 186
A   le   186 .

Le Directeur-caissier,

DÉPARTEMENT
d

Caisse de Prêts agricoles

D   COMMUNE   D

Année 186

N°

RÉCÉPISSÉ DE SOUSCRIPTION.

Je soussigné, Directeur-caissier, reconnais
avoir reçu de M.
exerçant la profession de
demeurant à
la somme de
montant de sa souscription, en qualité d'associé   , pendant l'année 186 .
A   le   186 .

Le Directeur-caissier,

Modèle N° 1.

(Exécution de l'art. 32
des statuts.)

CAISSE DE PRÊTS AGRICOLES

d   Commune   d

LIVRE DES PRÊTS.

N° D'ORDRE (a reproduire sur la quittance d'emprunt)	DATE du PRÊT.	NOM ET PRÉNOMS de L'EMPRUNTEUR.	PROFESSION.	ÂGE.

DÉBITEUR.	MONTANT du prêt.	PÉRIODE de durée.	ÉCHÉANCE.	ÉCHÉANCE prolongée.	DATE du remboursement.	OBSERVATIONS.

(Exécution de l'art. 17
des statuts.)

Modèle n° 5.

DÉPARTEMENT
d

CAISSE DE PRÊTS AGRICOLES
d   Commune   d

ANNÉE 186

COMPTE présentant les opérations de l'année 186 , et la situation financière au dernier jour de l'exercice.

Avoir social au 1er janvier 186 .... cl.

RECETTES PENDANT L'ANNÉE :

Souscriptions de   membres honoraires............
—   de   membres travailleurs............
Prêts remboursés............
Fonds retirés de la caisse d'épargnes............
—   des dépôts et consignations............
Intérêts recouvrés { de capitaux placés............
{ dus par des emprunteurs............
Recettes et encaissements divers............

     TOTAL des Recettes.... cl.

     Ensemble............

DÉPENSES PENDANT L'ANNÉE :

Prêts faits à   membres travailleurs............
Frais de gestion (imprimés, registres, etc.)............
—   de timbre............
—   d'enregistrement............
—   de poursuites............
Montant des sommes versées à la caisse d'épargnes............
—   —   à la caisse des dépôts et consignat^{ns}.
Capitaux placés en rentes sur l'État............

     TOTAL des Dépenses.... cl.

Excédant ou montant total des capitaux en caisse et des fonds placés ou à recouvrer formant l'avoir social au 31 décembre............ cl.

{ Report de   prêts courants, des précédents exercices...
{ —   prêts échus et non remboursés............
POUR MÉMOIRE. { —   d'intérêts dus par des emprunteurs retardataires....
{ —   de placements antérieurs à la caisse d'épargnes......
{ —   à la caisse des dépôts et consignations............
{ —   en rentes sur l'État......

MODÈLE N° 6

DÉPARTEMENT

d

CAISSE DE PRÊTS AGRICOLES

d ——— Commune ——— d —————

DEMANDE D'EMPRUNT.

Je ———————————, demeurant à ——————— ,
associé travailleur, expose au comité d'administration de
la caisse de prêts agricoles que je désirerais contracter
un emprunt de la somme de ———————————— ,
remboursable, selon le mode indiqué en l'article 25 des
statuts, dans un délai de ————————————— .
pour ladite somme être employée à (1)

La présente demande faite pour être adressée à M. le
Président, conformément à l'art. 19 des statuts.

A ——————————, le ——————— 186 .

(2)

(1) Indiquer un emploi remplissant les conditions voulues par l'art. 24 des
statuts.

(2) Signature. — Dans le cas où le demandeur ne saurait signer, il suffirait
que sa demande, formulée par une main étrangère, fût remise *personnellement* par
lui au Président de la caisse.

20

Modèle N° 7.

(Exécution de l'art. 14 des statuts).

DÉPARTEMENT

d _______

—————

CAISSE DE PRÊTS AGRICOLES

d _______ Commune _____ d _______

AUTORISATION DE PRÊT.

Le Président de la caisse de prêts agricoles déclare que, dans sa séance du _______ , le comité d'administration a autorisé un prêt de la somme de _______ , en faveur de M. _______ , associé travailleur, demeurant à _______ , ledit prêt devant être remboursé à la caisse, sans intérêt, à l'expiration du délai de _______ , c'est-à-dire à l'échéance du _______ .

La présente autorisation servira de titre au Directeur-caissier, et sera par lui annexée à la quittance de l'emprunteur , laquelle devra rappeler le délai et l'échéance ci-dessus mentionnés.

En foi de quoi, à _______ , le _______ 186 .

Le Président de la caisse de prêts agricoles ,

Vu par le Directeur-contrôleur ,
le _______ 186 , jour de la réalisation du prêt

Modèle N° 8.

(Exécution des art. 12, 22, 23, 24 et 25 des statuts.)

Département
d

Année 186 .

N° de la quittance

CAISSE DE PRÊTS AGRICOLES

d Commune d

Échéance : le 186 .
prolongée par décision
du 186 .
jusqu'au 186 .

QUITTANCE D'EMPRUNT.

(1) Nom, prénoms et profession.

(2) Lieu dit et commune.

(3) Nombre de mois ou d'ans pour lesquels le prêt aura été consenti par le comité d'administration.

(4) Date précise de l'échéance.

(5) Ma signature ou une croix.

(6) Lorsque le déclarant ne saura signer, ajouter : laquelle a été signée par deux témoins.

(7) Signature de l'emprunteur ou des deux témoins.

(8) Mentionner les intérêts qui seraient payés en même temps que le capital remboursé.

Je (1) demeurant à (2) reconnais avoir reçu de M. Directeur-caissier de la caisse de prêts agricoles, demeurant à , agissant pour et au nom de ladite caisse, la somme de , à titre de *prêt*.

Je m'engage à rembourser cette somme entre les mains dudit Directeur-caissier, ou de toute autre personne en exerçant la fonction, à l'expiration du délai de (3) pour lequel le prêt m'a été fait, c'est-à-dire à l'échéance du (4) , sans intérêt et en me conformant à l'art. 25 des statuts ; si, en conséquence, je n'en avais pas effectué le remboursement à l'échéance précitée ou à celle qui résulterait de la prolongation qui me serait accordée, cette somme serait productive de l'intérêt légal à cinq pour cent, à partir d'aujourd'hui.

Je m'oblige, enfin, à continuer de payer à la caisse de prêts agricoles ma souscription annuelle d'associé travailleur, fixée à six francs par l'art. 28 des statuts.

En foi de quoi, j'ai apposé (5) sur la présente quittance (6).

A , le 186 .

Vu par le Directeur-contrôleur, (7)

Récépissé de la somme de (8).

A , le 186 .

Le Directeur-caissier,

(Exécution des art. 12,
23 et 24 des statuts.)

MODÈLE N° 9.

DÉPARTEMENT

d ________

CAISSE DE PRÊTS AGRICOLES

d ______ *Commune* d ______

PROLONGATION D'ÉCHÉANCE DE PRÊT.

Le Président de la caisse de prêts agricoles certifie que le comité d'administration, dans sa séance du ______ , a autorisé la prolongation pour ______ du prêt consenti à M. ______ , le ______ 186 , de la somme de ______ , qui était remboursable à la date du ______ , suivant quittance du ______ .

En conséquence, l'échéance de ladite somme n'aura lieu qu'à la date du ______ .

Il sera fait mention de la présente prolongation en marge de la quittance fournie par l'emprunteur.

Fait pour servir de titre au Directeur-caissier.

A ______ , le ______ 186 .

Le Président de la caisse de prêts agricoles ,

Vu par le Directeur-contrôleur
et remis au Directeur-caissier.

Vu pour mention et annexé à la quittance N°
Le Directeur-caissier ,

TABLE DES MATIÈRES

PREMIÈRE PARTIE.

CONSTATATIONS.

CHAPITRE I. — Dépopulation des campagnes.

CHAPITRE II. — D'où viennent les désertions.

CHAPITRE III. — Comment l'insuffisance des ouvriers agricoles peut amener de funestes conséquences.

CHAPITRE IV. — Qui sauvera la propriété?

CHAPITRE V. — Puissance de l'association.

DEUXIÈME PARTIE.

MOYENS.

CHAPITRE VI. — Intérêts moraux.

CHAPITRE VII. — Besoins généraux.

CHAPITRE VIII. — Caisses d'épargnes.

<hr>

APPENDICE.

FIN DE LA TABLE.